KB074129

전기란 무엇인가

성적을 높이는 고등학교 물리학 | 전기와 자기

전파과학사는 독자 여러분의 책에 관한 아이디어와 원고 투고를 기다리고 있습니다. 디아스포라는 전파과학사의
임프린트로 종교(기독교), 경제·경영서, 일반 문학 등 다양한 장르의 국내 저자와 해외 번역서를 준비하고 있습니다.
출간을 고민하고 계신 분들은 이메일 chonpa2@hanmail.net로 간단한 개요와 취지, 연락처 등을 적어 보내주세요.

전기란 무엇인가

성적을 높이는 고등학교 물리학 | 전기와 자기

–

초판 1쇄 1996년 06월 05일
개정 1쇄 2023년 08월 16일

–

지은이 무로오카 요시히로
옮긴이 편집부
발행인 손영일
디자인 강민영

–

펴낸곳 전파과학사
출판등록 1956. 7. 23 제 10-89호
주　소 서울시 서대문구 증가로18, 204호
전　화 02-333-8877(8855)
팩　스 02-334-8092
이메일 chonpa2@hanmail.net
홈페이지 www.s-wave.co.kr
공식 블로그 http://blog.naver.com/siencia

ISBN 978-89-7044-623-3(03420)

전기란 무엇인가

성적을 높이는 고등학교 물리학 | 전기와 자기

무로오카 요시히로 지음 | 편집부 옮김

전파과학사

'전기란 도대체 무엇일까' 하는 의문을 품고 있었던 독자들이 적지 않았을 것으로 여겨진다. 필자도 그런 사람 중 하나였다.

전기가 서구인의 사회생활에 이용될 수 있게 된 것은 지금으로부터 불과 1세기 전의 일이다. 그 당시 전기는 비싸고 귀중한 것이었다. 이러한 전기가 사람들의 생활에 유용하다는 것을 알게 되면서, 많은 연구자가 한결같이 전기를 발생시키는 연구에 전념했다. 이러한 선인들의 노력으로 현재는 값싼 전기를 마음대로 쓸 수 있게 되었다.

현대를 살고 있는 우리에게 전기는 공기나 물 정도는 아닐지라도 당연히 있는 것으로 생각하기 쉽다. 따라서 이 전기가 어디에서 만들어져서 어떤 방법으로 가정으로 보내지게 되는지 흥미를 나타내는 사람은 적을지도 모른다.

그러나 중학생이나 고등학생이 되면 이과 수업 시간에 몇 번이나 고민하게 되는 것이 바로 전기다. 전기를 알기 어려운 것으로 생각하는 가장 큰 원인은 전기를 직접 눈으로 볼 수 없기 때문이다. 또한 짧은 시간 내에 변화하는 현상이라든가, 다루기가 위험하다는 것도 그런 원인의 하나라고 생각된다.

필자는 30여 년간 전기에 대해 연구해 왔다. 특히 물질 속을 흐르는 전기가 연구의 중심이기는 하나, 솔직히 말해 유감스럽게도 완전히 알고 있다고 말할 수는 없다. 그러나 이제까지의 경험에 근거하여 전기의 작용에 대해 알고 있는 것과 알지 못하는 것을 기술함으로써 현재 알고 있는 전기의 본질을 나타낼 수도 있다고 여겨, 2년 반의 세월을 거쳐 겨우 이 책을 탈고하게 되었다.

전기의 원천이 전자라든가 이온의 이동이라는 것은 중고등학교의 과학 교과서에도 나오므로, 대부분의 독자는 그러한 사실을 막연하게나마 알고 있을 것이다. 그러나 이 전자나 이온이 물질 속을 이동하고 있는 모습은, 현재 가장 작은 것을 관측할 수 있는 전자현미경으로도 직접 볼 수가 없다.

또한 반세기 전에는 트랜지스터가 발명되고, 실체를 알 수 없는 '홀(hole)'이라는 전하가 나타났다. 이제까지 전자와 이온만으로 전기현상을 설명할 수 있는 것으로 생각해 왔는데, 트랜지스터가 지금까지 숨겨져 있던 별도 전기의 성질을 나타내자, 그것을 설명할 수가 없었다.

그러므로 이 책에서는 이제까지 별로 소개된 바 없는 이 '홀'과 같은 새로운 전기현상에 대해서도 일반 사람들이 그 본질을 잘 이해할 수 있도록 쉽게 해설했다. 이 책은 전문가 이외의 사람들을 대상으로 하고 있으므로 집필할 때 전문용어는 될 수 있는 한 피했다. 만일 부득이 그러한 용어를 써야 할 경우에는, 본문 중에 설명을 덧붙여서 독자의 편의를 도모했다.

전기의 응용 분야인 CD나 팩시밀리 등에 대해서도 어느 정도 상세하게 설명했다. 이 때문에 설명 중의 일부분에 대해서는 각 분야의 전문가의 가르침을 받았다.

전자현미경에 관해서는 히타치(日立)제작소의 기초연구소 주간인 소토무라 박사, CD에 관해서는 발명자의 한 사람인 소니 종합연구소 소장 미야오카 박사, 팩시밀리에 관해서는 닛폰(日本)전기의 연구부장인 니시무라 박사, 자기부상형 초고속철도에 관해서는 그 설계자의 한 사람인 JR철도종합기술연구소 기술개발부장인 후지마 씨, 열핵융합로에 대해서는 도쿄공업대학 원자핵공학과 시마다 교수 등의 가르침을 받았다. 지면을 빌려 감사의 뜻을 표한다.

이 책의 초고 단계 때 읽어준 무사시 공업대학 다카다 교수에게 감사를 드린다. 또한 이 책의 구성에 대해 각별한 배려를 해 준 고단샤 과학도서 출판부의 야나기다 씨에게도 감사를 전한다.

끝으로 거칠게 쓴 초고를 워드 작업해 준 무사시노 음악대학 학생인 딸에게도 지면을 빌려 고마운 마음을 전한다.

무로오카 요시히로

14장 전기의 응용 분야

1장

전기에 대한 생각의 발자취

1

전기에 대한 생각의 발자취

전기는 어떻게 발견되었나

전기(電氣)가 인간에 의해 처음으로 인식된 것은 고대 그리스 시대의 일이다. 그것은 장식품으로 쓰이고 있던 호박(琥珀)이 작은 물체를 끌어당기는 현상을 발견했을 때다. 원래 호박은 황금색을 띤 전기를 통하지 않는 물질이며, 그 색채의 아름다움으로 그 당시의 귀인들이 장신구로서 이용했다. 호박의 원석을 구슬같이 구형이나 곡옥(曲玉) 모양의 장식품으로 만들려고 가공하거나 갈고 있을 때, 우연히 호박이 전기를 띤 작은 물질을 끌어당기는 현상을 발견했을 것이 분명하다. 그런데 전기를 띤 호박이 작은 물질이면 무엇이든지 다 끌어당겼을 리는 없다. 종이나 털과 같이 전기가 통하지 않는 작은 절연물에 한했다. 호박과 종이 혹은 유리와 털과 같은 다른 두 종류의 절연물을 서로 마찰시키면, 양자 간에는 전하의 이동이 생겨 서로 다른 전기를 띠게 된다. 이런 종류의 전기는 물질을 마찰해서 발생하므로 마찰전기라고 불렀다.

호박에 마찰전기가 발생하고 있다는 사실을 몰랐던 고대 그리스 사람들은 호박 속에 신(神)이 머물러 있다고 믿으며 이해하려 했다. 그리고 그 호박을 호신을 위한 부적으로 몸에 달고 다녔다고도 전해지고 있다. 또, 철학자들 사이에서는 마법의 돌로 주목받았다. 기원전 4세기경, 철학자 탈레스(Thales)는 이 흡인력을 그때까지 우주를 지배하고 있는 요소로 믿고 있었던 '천지화수(天地火水)'와 다른 새로운 요소로 생각했다. 그리고 마력을 갖고 있는 호박을 전자(electron; 그리스어의 $\eta\lambda\epsilon\kappa\tau\rho o\nu$)라고 명명했다고 전해지고 있다. 물론 탈레스가 호박을 전자라고 명명한 확실한 증거는 없지만, 물질을 흡인하는 힘은 그 당시 인간의 상상을 초월한 어떤 것이었다고 생각했을 것은 틀림없다.

16세기 말에 영국의 의학자 길버트(William Gilbert, 1540~1603)는 양의 전기와 음의 전기가 끌어당기는 마찰전기를 실험적으로 증명하여 이 현상에 관해 자신이 주장한 가설이 정확했다는 것을 보여 이 현상을 학문적으로 통일했다. 그리고 1600년에 이 마찰전기를 저서『De Magnete』(전자기론)에서 'Electrica'로 이름 지었다. 그 후 46년이 경과한 1646년에 영국의 브라운은 저서『Pseudodoxia Epidemica』(유행하는 외견상의 도수관)에서 전기(Electricity)라는 말을 쓰고 있다. 이 말이 서서히 사람들 사이에 전달되어, 현재 쓰이고 있는 전기라는 용어로서 남게 된 것이다.

불꽃방전의 발견

길버트가 발표한 앞서의 가설에 자극을 받은 당시의 학자는 여러 가지 물질에 대해 같은 실험을 반복했다. 마찰전기가 발생하는 물질 중에서도 특히 황이 주목되었다. 황은 용해되기 쉽고, 가공이 간단하며, 마찰로 발생하는 전기가 많은 점 등으로 해서 17세기에서 18세기에 걸쳐 마찰전기의 연구재료로 이용되었다. 그 당시 호박이라든가 황을 이용하여 만든 구형의 덩어리를 회전시키는 실험을 하던 도중에 우연히도 마른 손으로 이 덩어리를 만졌을 때 강한 전기가 발생하는 현상을 접했다. 그 후 마찰전기에 의해 불꽃방전이 생긴다는 사실도 발견되었다. 이 불꽃방전 시에 생기는 발광은 그 당시 과학자들 사이에서는 기존의 설로써 설명되지 않아, 불가사의한 현상으로서 주목받고 있었다.

불꽃방전에 흥미가 쏠리게 되면서 많은 과학자들은 전기를 모아둘 수 없을까 하는 문제를 생각했다. 네덜란드 라이덴 대학의 뮈스헨브루크(Pieter van Musschenbroek)는 1746년에 유리용기에 물 같은 것을 넣고서 여기에 전기를 모아두는 데 성공했다. 그 후 이 축전지는 라이덴병(Leiden jar)이라고 불리게 되었다. 전기를 모은 축전지를 사람의 손으로 만지면 강한 충격을 받는다는 사실도 알았다. 이 현상은 충격놀이로서 순식간에 전 세계로 퍼졌다. 일본에서는 히라가에 의해 에도 시대 후기인 1776년에 마찰전기를 발생시키는 기전기(起電器)가 소개되었다. 그 당시 일본에서는 이 기전기를 에레기테르[네 electriciteit]라고 불렀다.

서로 끌어당기는 전기력의 법칙화와 쿨롱의 법칙

　길버트는 마찰전기를 상세히 연구했으나 양전기와 음전기 사이에서 생기는 흡인력에 관한 법칙까지는 밝힐 수가 없었다. 그 후 프랑스의 쿨롱(Charles Augustin de Coulomb, 1736~1806)은 양전기와 음전기가 끌어당기는 현상이 뉴턴이 발견한 만유인력의 법칙과 비슷한 현상이라는 가설을 세우고 여러 가지 실험 사실에 의해 그 가설의 타당성을 확인했다. 이렇게 해서 생겨난 것이 쿨롱의 법칙이다. 그것이 1785년의 일이다. 이 법칙으로 그때까지 확실치 않던 마찰전기가 이론적으로 통일되었다. 이 법칙에 지배되는 모든 전기현상은 전하가 시간적으로 변화하지 않는 것을 전제조건으로 하고, 정전기(靜電氣)현상이라고 한다.

전기가 흐르는 것의 발견

　그런데 1777년 절연물의 표면상에서 불꽃방전을 일으키는 실험을 하고 있던 독일의 리히텐베르크(Georg Christoph Lichtenberg, 1742~1799)는 비길 데 없이 기괴하고 아름다운 방전 도형을 기록하는 데 성공했다. 이것은 절연물 표면상에서 불꽃방전을 일으킨 후, 우연하게도 황의 착색 분말이 절연물의 표면상에 떨어져, 그 표면상에서 방전이 진전하는 과정이 색도형으로 기록된 것이다. 〈그림 1-1〉은 이 방법을 이용하여 기록한 방

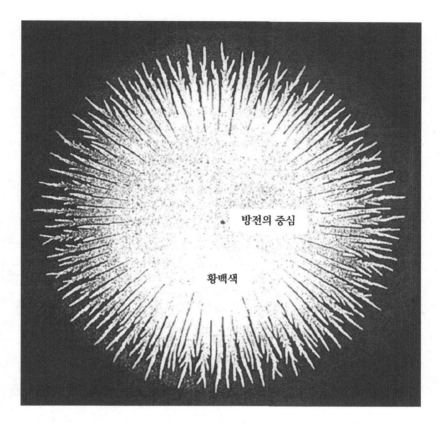

방전의 중심

황백색

그림 1-1 | 리히텐베르크의 방전도형

전 도형의 한 예이다. 방전이 중심에서 방사상으로 진전하는 모습을 알 수 있다. 방전 도형 전체에 음의 전하를 띤 황백색의 황분말이 부착되어 있는 사실로 보아, 황이 존재했던 곳에 양극성의 전하가 존재하여 '쿨롱의 힘'에 의해 부착된 것으로 결론지었다. 이러한 사실로서 절연물의 표면상에서는 양극성의 불꽃방전이 생기고, 그 표면상에는 양극성의 전하가 남아 있다는 것을 알게 되었다. 이것은 전기가 물질의 표면을 흐른다는 사실을 증명한 세계 최초의 실험이었다. 이 관측 방법은 리히텐베르크 도법이라고 하며, 발견 이래 200년 이상이 경과한 현재에도 방전현상의 연구에 이용되고 있다. 제록스 등의 건식복사기의 원리도 본질적으로는 리히텐베르크 도법과 같은 것이다.

신경을 흐르는 갈바니 전기의 발견

불꽃방전과 비슷한 자연현상에 우레(천둥)가 있다. 고대인은 우레가 뇌신(雷神)이 인간에게 노여움을 나타내는 현상으로 믿고 있었으나, 18세기 중엽에 이르러 여러 가지 관측 결과에서 어쩌면 우레는 실험실에서 생기는 불꽃방전과 같은 현상이 틀림없을 것이라고 생각하게 되었다. 1752년 미국의 프랭클린(Benjamin Franklin, 1706~1790)도 이렇게 생각한 연구자의 한 사람이며, 그러한 사실을 연날리기 실험에서 처음으로 확인했다. 우레는 지금도 설명할 수 없는 점이 많고, 또한 그 현상을 예측하기 어려우므로 여름, 겨울 할 것 없이 사람들을 공포 속으로 몰아넣는 자연현상의 하나다. 요즘도 우레의 전기는 포착할 수 있다고 여겨 연구를 계속하는 학자가 많다.

그런데 1791년 이탈리아의 의학자 갈바니(Luigi Galvani, 1737~1798)

는 개구리 해부를 하던 중, 그 주변에서 불꽃방전이 생기면 그 불꽃의 발생과 동시에 개구리의 다리가 움직이는 현상에 주목했다. 이것은 개구리 체내의 신경에 전류가 흘러서 나타나는 현상이며, 전류를 발견한 순간이라고 할 수 있다. 이 시대에는 전류라는 말은 사용되고 있지 않았으므로, 전류가 흐르는 현상은 갈바니 전기라고 했다.

전류 발생 장치의 등장

1799년 이탈리아의 물리학자인 볼타(Count Alessandro Volta, 1745~1827)는 현재 우리가 이용하고 있는 전지와 같은 원리로 작동하는 전기의 발생장치를 발견했다. 그 결과 전류를 연속적으로 끄집어낼 수 있게 되었으며, 이때부터 동전기(動電氣) 시대가 시작되었다고 할 수 있다. 그후, 흡인작용과 반발작용에 지배되는 정전기현상과 전류에 지배되는 동전기현상을 총괄한 전기현상을 전기로 부르게 되었다. 1873년에 영국의 맥스웰(James Clerk Maxwell, 1831~1879)이 제안한 가설에 의해, 그 이전에 알려져 있던 여러 가지 잡다한 실험적 사실과 입증이 끝난 가설이 이론적으로 통일되었다. 이렇게 해서 전기이론의 기초가 확립되었다.

전자의 발견에서 근대 일렉트로닉스 시대로

1897년에 음전하를 띤 전자가 발견되어 전기는 전자의 이동에 의한 것이라는 사실이 밝혀졌다. 그렇지만 맥스웰이 유도한 전기이론을 마이크로(미시적)한 시각에서 전자의 이동에 기초하여 수정하기까지에는 이르지 못했다. 전자의 발견에 의해 제시된 사실은 전자가 흐르는 방향이 전류가 흐르는 방향과 반대라는 것이며, 전기를 해석하는 데 매크로(거시적)한 취급을 해도 아무런 불편이 생기지 않았다. 음극선의 발견, 발전기의 발명, 전파의 발견, 트랜지스터의 발견으로 시작되는 광학전자 시대의 개막 등에 대해서는 전기의 원천인 전하의 흐름에 기초하여 이제부터 설명하기로 한다.

2장

전기의 원천은 전하다

2

전기의 원천은 전하다

전하의 종류

전기에 양과 음의 2종류가 있다는 것은 지금으로부터 대략 400년 전 길버트에 의해 밝혀졌다. 그 후 2종류 전기의 본질적인 차이, 특히 무엇이 다른가 하는 데에 연구의 호기심이 집중되었다. 이 차이의 이유를 찾아 내기 위한 여러 가지 실험과 그 실험 결과를 만족시킬 수 있는 가설이 논 의되었다. 이 전기를 물질 속을 이동할 수 있는 양의 전하 및 음의 전하라 는 요소를 사용하여 설명한 것은 영국의 화학자 데이비(Humphrey Davy, 1778~1829)였다. 그리고 전기에 그 종류가 있는 것도, 전기에 흐름이 있는 것도 명백하게 밝혔다. 그렇지만 그 당시 전자는 아직 발견되지 않았고, 전기가 흐르는 방향을 정하는 기준이 없었다. 그러므로 데이비의 제자인 패러데이(Michael Faraday, 1791~1867)는 "전류는 양의 전하가 양의 전극 에서 음의 전극으로 이동하는 것이다"라고 정의했다.

영국 스코틀랜드의 벽촌에서 과학을 독학으로 공부한 패러데이는 데 이비의 논문을 읽거나 강연을 청강하면서 데이비의 연구실에서 공부하고 싶은 생각을 품었다. 그 당시 데이비는 세계적으로 유명한 과학자였으며,

후에 영국 과학아카데미의 총재가 된 학자이다. 데이비 밑에서 연구하는 꿈을 갖고 있던 패러데이는, 마침 운 좋게 조수의 자격으로 데이비의 연구실에 고용되었다. 패러데이는 오로지 자기가 좋아하는 연구에 몰두하고 있었는데, 데이비는 패러데이의 뛰어난 능력에 놀라 다음 해에는 정식 연구원으로 승격시켰다. 그리고 만년에는 은사인 데이비와 같은 과학아카데미의 총재까지 되었다. 그 사이 전기분해를 비롯하여, 전기현상 전반에 걸쳐 실험적 연구를 하여 전기분해의 법칙, 전자기유도의 법칙 등 많은 새로운 현상을 발견했다.

전기를 설명하는 3요소

그 당시 많은 학자들은 전기현상을 양이온과 음이온의 이동으로 설명하려고 애를 썼다. 그러나 1897년 영국의 물리학자 톰슨(Joseph John Thomson, 1856~1940)에 의해 전자가 발견되니, 전기현상은 전자가 이동하는 결과로 나타난다는 생각으로 설명할 필요성이 생겼다.

그렇다면 전기현상은 모두 전자의 이동으로 설명되는가 하면 여기에도 문제가 있다. 분명하게 금속 중의 전기현상은 전자의 이동으로 적절하게 설명할 수 있으나 식염수같이 전기가 잘 통하는 전해액 속의 전기현상에서는 이미 전자의 이동만으로는 전기의 흐름을 설명할 수 없다. 나중에 설명하겠지만 전해액 속을 흐르는 전류는 이전부터 주목되어 온 이온의 흐름이 대단히 중요하다.

또한 1945년에 트랜지스터라는 새로운 소자가 발명되었으나 그 전기 특성은 전자나 이온을 사용한 어떠한 가설로도 설명되지 않았다. 이 현상을 이해하려고 연구를 거듭하고 있는 사이에 전자도 이온도 아닌 양의 전하를 띤 홀 입자의 존재를 생각하지 않을 수 없게 되었다. 이렇게 하여 현재 많은 사람들에 의해 알려져 있는 전기현상은 전자, 이온 그리고 홀이란 전하를 띤 입자의 이동으로 설명할 수 있게 되었다.

전자에 대하여

현대 문명사회에 살고 있는 사람치고 전자의 존재를 부정하는 사람은 아무도 없을 것이다. 그러나 이 전자의 존재를 어떻게 확인하는가의 문제가 던져지면 대답하기가 매우 곤란하다. 그 까닭은 전자는 너무나도 작고, 가볍고, 또한 너무나도 작은 전하를 띤 입자이기 때문이다. 현재 가장 정확한 값으로 인정되고 있는 전자의 질량값은 9.10×10^{-31}kg이다. 그 전하는 1.602×10^{-19}쿨롱이다. 빈약한 측정기밖에 없었던 100년 전에 이렇게 작은 전기의 양을 어떻게 측정했을까.

전자의 존재에 대해서는 1897년 영국의 톰슨이 진공 상태인 공간에 전자를 흐르게 하여 이 공간에 자기장을 가함으로써 밝혀냈다. 전자의 진행 방향과 자력에 의해 휘어진 전자가 이동하는 거리의 관계를 전자의 존재를 가정한 가설로 계산했고, 그 가설이 정확하다는 것이 실험으로 확인됐다. 이 실험은 전자의 존재를 실증할 수는 있었으나, 전자의 질량과 전하량까지는 밝힐 수가 없었다.

전자의 전하와 질량의 해명

다행하게도 톰슨은 전자의 전하량과 질량의 비를 실험적으로 구했다. 이 실험은 양쪽의 비의 값을 정확하게 구하는 것에 학자, 연구자들을 묶어 놓고 말았다. 전자의 전하와 질량을 측정하는 문제에 열중하고 있던 많은 학자들은 뭔가 좋은 실험 방법이 없을까 하고 생각하고 있었는데, 미국의 물리학자 밀리컨(Robert Andrews Millikan, 1868~1953)이 멋진 실험 방법과 측정법을 사용하여 당시로서는 생각할 수도 없었던 높은 측정 정밀도로 전자 1개의 전하량을 측정하는 데 성공했다. 밀리컨의 측정 결과(전하량)와 톰슨의 측정 결과(전하량과 질량의 비)에서, 앞에서 설명한 전자의 질량(9.10×10^{-31} kg)을 정확하게 구했다.

그러나 전자의 질량과 전하의 값을 매우 정확하게 구하기는 했지만 전자의 크기만은 현재에 이르기까지 정확하게 구하지 못하고 있다. 그것은 전자가 너무나도 작기 때문이며, 정지한 상태의 전자를 관측할 수 없는 데에도 기인한다. 어쨌든 전자는 원자 속에 존재하는 것이므로, 원자의 크기보다 작은 것은 확실하다. 원자는 그 내부에 원자핵이 있고, 원자핵은 양성자와 중성자로 이루어져 있다. 그 후 중성자는 양성자와 전자가 결합하여 이루어져 있음이 밝혀져, 전자는 원자핵의 내부에도 존재한다는 것도 알게 되었다. 따라서 전자는 원자핵의 크기 1×10^{-12} ㎝보다 확실히 작다. 원자핵의 크기를 실험적으로 증명할 수 없는 현재, 전자의 크기를 구하는 것은 곤란하다.

그렇다고 해서 전자의 크기를 나타내는 방법이 전혀 없는 것은 아니다. 아인슈타인이 제안한 질량과 에너지의 등가성의 가정을 적용하면, 전자의 크기를 추정할 수가 있다. 그 결과에 의하면, 전자는 원자핵의 10분의 1 크기인 1×10^{-13} ㎝ 정도인 것으로 여겨진다.

이온과 그 역할

앞에서 물질 속을 이동하는 전하는 전자, 이온 그리고 홀이라고 했는데, 그중에서도 가장 일찍부터 알려진 것은 이온이다. 그것은 1800년, 물의 전기분해 실험에서 음극 쪽에서 수소 가스 그리고 양극 쪽에서 산소 가스가 발생하는 것이 발견되었을 때, 이 실험 결과를 설명하기 위해 '이온'이 도입된 것이다.

물은 수소와 산소가 화학적으로 결합하여 이루어진 안정한 물질이며, 전기분해에 의해 양의 전기를 띤 수소 이온과 음의 전기를 띤 산소 이온으로 나누어지는 것은 중학교나 고등학교에서 가르치고 있으므로 많은 사람들이 잘 알고 있으리라 믿는다. 이 실험은 이탈리아의 볼타가 발명한 전지를 영국의 왕 앞에서 실증하기 위해 실시했던 것으로 전기분해의 전원으로서 볼타의 전지가 사용되었던 것이다.

이 실험을 감독한 데이비는 2개의 상이한 전극을 구별하는 기준으로 산소 가스를 발생하는 쪽의 전극을 양극(positive electrode), 수소 가스를 발생하는 쪽의 전극을 음극(negative electrode)이라고 부르도록 제안했다. 이것은 전기분해로 발생한 음의 전하를 띤 산소 이온이 양극이라고 부르게 된 전극 쪽으로, 그리고 양의 전하를 띤 수소 이온은 음극이라고 부르게 된 전극 쪽으로 이동하는 것이 명확해졌기 때문이다. 그 결과, 전기분해 시에 흐르는 전류는 이 이온의 흐름으로 설명할 수 있게 되었다.

식염수와 이온

양이온과 음이온이 결합하여 화학적으로 안정한 물질이 되는 대표적인 것으로 염(塩)이 있다. 염은 양전하를 지닌 나트륨이온(Na^+)과 음전하를 띤 염소이온(Cl^-)이 쿨롱의 힘으로 결합한 것이다. 이 염을 물속에 넣으면 염을 구성하고 있는 양이온과 음이온의 결합력이 약화되어 나트륨이온과 염소이온으로 분해한다. 이것이 식염수다.

여기서 직류전압(전기장이라고 하는 것이 좋다)을 가하지 않았는데도 물속의 염이 양이온과 음이온으로 분해되는데, 이것은 물의 특수한 성질 때문이다. 나트륨이온과 염소이온을 결합하고 있는 쿨롱의 힘이 물에 의해 80분의 1 이하로 되기 때문이다.

이렇게 발생한 양이온과 음이온이 존재하는 식염수 속에 2개의 전극을 넣은 후 양 전극 사이에 근소한 직류전압을 가하는 것만으로 전류의 흐름을 관찰할 수 있다. 이것은 나트륨이온이 음극 쪽으로 그리고 염소이온이 양극 쪽으로 흐르는 것으로 설명되는 현상이다. 당연한 결과이지만, 이때 동시에 전기분해에 의해서도 이온이 발생되고 있다. 이와 같이 전기가 흐르기 쉬운 액체를 전해액이라 부른다.

그렇다면 전해액 속의 전자는 어떻게 되어 있을까. 예를 들어, 전자가 전해액 속에 주입되었다 하더라도 전해액 속에 존재하고 있는 양이온에는 이끌리고, 음이온에는 반발되므로 단독으로는 이동할 수 없게 된다. 또한 때로는 금속전극에서 전기장 용액 속에 주입된 전자가 전기적으로 중성인 액체 분자에 부착하여 음이온의 형태로서 이동할 때도 있다. 이처럼 액체가 절연파괴를 일으켜 불꽃방전의 상태가 되었을 때 이외에는 전자가 단독으로 액체 속을 자유롭게 이동하기란 어렵다. 액체 속의 이온이나 전자의 흐름에 대해서는 6장에서도 설명한다.

공기 중의 이온

전해액 속에 이온이 존재한다는 것은 여러 가지 실험과 가설로 알았는

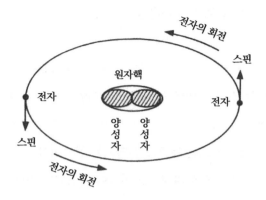

그림 2-1 | 수소 분자의 모델

데, 그러면 공기와 같은 기체 중에도 이온이 존재하고 있을까. 실은 기체 중에도 이온이 존재하고 있다는 실험 결과가 얻어졌으며, 이온의 성질을 조사하려면 기체 중의 원자라든가 분자가 이온이 되는 과정을 탐구하는 것이 액체의 경우보다 알기 쉽다.

진공 속 혹은 기체 중에서의 전하 이동에 흥미를 가진 연구자들에 의한 여러 가지 가설이 나왔으며, 그 결과 원자나 분자의 성질 그리고 방전 현상의 메커니즘은 서서히 해명되었다. 그 가설에 의하면 원자는 중심에 양전하를 지닌 양성자가 원자핵을 형성하고, 그 주변에 양성자수와 동일한 수의 전자가 규칙적으로 배열되어 있다. 이때 1개의 양성자가 지니고 있는 전하량의 절댓값은 전자의 그것과 같다. 즉, 원자는 양의 전하량과 음의 전하량이 같으므로 전기적으로 중성이다.

그러나 기체 속을 빠른 속도로 달리고 있는 입자가 기체 분자와 충돌하거나 열이 가해지는 일로 일어나는 기체 분자의 열 진동 등에 의해서 원자, 분자에 에너지가 부여되면 원자의 가장 바깥쪽에 구속된 상태로나마 존재하고 있는 전자는 원자로부터 탈출할 수 있게 된다. 전자가 탈출한 후의 원자는 전기적으로 양의 전하가 전자 1개분을 더 갖고 있는 셈이된다. 이러한 상태의 원자는 양이온이라 불린다. 이것은 분자의 경우에도마찬가지다.

예를 들어 수소 분자는 〈그림 2-1〉과 같이, 2개의 양성자와 그 주위를 2개의 전자가 회전하는 구조를 하고 있다. 그중 1개의 전자가 외부로부터주어진 에너지에 의해 분자에서 탈출하면, 분자는 수소분자이온이 된다.이것에 대하여 중성의 원자나 분자에 전자가 부착했다고 생각하는 결과도 있는데 이러한 경우에는 음의 전하를 띤 음이온이 된다.

중성분자가 음이온이 되는 '변하기 쉬운 성질'을 연구하고 있던 중에원자, 분자 중에도 전자가 부착하기 쉬운 것과 그렇지 않은 것이 있다는것을 알게 되었다. 음이온이 되기 쉬운 원자는 주로 주기율표의 6족이나7족에 속하고 있다. 먼저 설명한 염소이온(Cl-)은 주기율표의 7족에 속하는 대표적인 음이온이라고 할 수 있다.

'전자의 흐름'으로는 설명할 수 없는 전류

제2차 세계대전이 끝나려고 할 무렵, 반도체에 관한 기초 연구가 급속도로 진행되고 있었다. 그것은 정보의 전달 수단으로 사용하고 있었던 전파에서 비밀정보 신호를 취득하는 데 반도체가 이용되고 있었기 때문이다.

반도체란 금속 같은 도체와 유리 같은 절연체의 중간 저항을 나타내는 물질이다. 반도체 중 전류를 어떤 한 방향으로 통과시킬 수는 있으나 역방향으로 통과시키지 않는 성질의 물질이 많다. 이 성질을 이용하여 교류를 직류로 변환하는 정류소자(整流素子)나 전파를 수신하기 위한 검파기로서 반도체가 쓰이고 있었다. 1945년에 반도체를 부품으로 정보 신호를 크게 하는 증폭작용을 할 수 있는 트랜지스터가 발명되었다. 그때까지 반도체의 전기전도 현상은 전자로 설명되고, 모순되는 실험 결과도 생기지 않았다. 그런데 트랜지스터에는 고체의 성질이나 전극의 구조 등을 고려해도 전기특성이 존재한다는 것이 발견되었다. 실험 결과에 의하면, 양의 전하를 띤 무엇인가가 고체 속을 흐르고 있다는 것이 밝혀졌다.

이온이 고체 속을 이동할 가능성을 고려하면, 앞에서 설명한 바와 같이 양이온과 음이온이 있다. 어느 쪽도 원자 정도의 크기이므로 고체 속을 전자와 같이 간단하게 이동한다고는 생각할 수 없다. 전혀 이동할 수 없는 것은 아니지만, 1센티미터를 이동하는 데 몇 시간 혹은 며칠이 걸리는 실험 결과도 있다.

홀의 등장

이러한 때 생각할 수 있었던 것이 원자에서 전자가 빠져나간 다음에 남는 '구멍'이다. 이 구멍은 양전하를 띠고 있다고 해석하면 된다. 절연물로서 구성되어 있는 결정체를 1차원으로 나타낸 〈그림 2-2〉를 보자.

절연물에 전압을 가했을 때, 그 물질을 구성하고 있는 첫 번째 열의 왼쪽 위 하나의 원자에서 전자가 전기장과는 반대의 방향으로 탈출했다고 하자. 그 원자는 당연한 일이지만, 전기적으로는 양이온의 성질을 갖게 된다. 이 이온은 자기 스스로는 결정체 내부를 자유롭게 이동할 수 없으나, 양의 전하를 띠고 있으므로 오른쪽 곁에 있는 원자에 소속된 음의 전하를 띤 전자와 흡인력이 작용하여 합쳐진다. 이 흡인력은 전자가 존재하고 있는 원자의 부분 전기장(그림에서 보면 왼쪽에서 오른쪽 방향으로)의 크기와 끌어들이는 전자의 전하량의 곱에 비례하는 전기력이다. 이때 전자를 끌어들이는 힘은 외부에서 절연물에 가해진 전기장 이외에 양이온의 성질을 지닌 전하에 의한 전기장과 중첩되므로 큰 전기장이 된다. 그 결과 양이온 곁의 원자에서 전자를 쉽게 끌어당길 수 있게 된다. 여기서 전자의 이동 방향은 그림에서 화살표로 나타낸 것과 같이 부분 전기장의 방향과는 반대다.

물질을 구성하고 있는 원자의 종류에 따라서는 비교적 간단하게 전자를 곁의 원자로 방출하는 것도 있다. 그러한 원자가 곁에 존재하면 그 원자는 전자를 방출함으로써 양전하를 띤 새로운 양이온이 될 가능성이 커

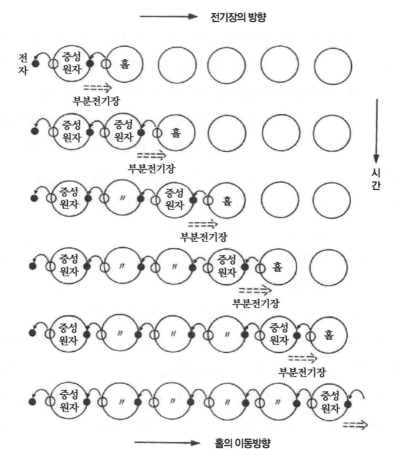

그림 2-2 | 홀 입자의 이동

진다. 이와 같이 양이온 자체가 이동하고 있지 않은데도 전류가 흐른 것 같은 특성을 나타낸다. 이 전자가 빠져나간 원자의 구멍을 홀(hole: 양공) 입자라고 이름 붙였다. 즉 〈그림 2-2〉에 나타낸 바와 같이 시간이 경과함에 따라 양전하를 띤 홀이 전기장의 방향으로 흐른 것 같은 특성이 나타난다.

이 홀에 호기심을 쏟은 연구자들은 여러 가지 실험을 했는데, 그 결과 알게 된 흥미로운 현상은 홀이 반도체 내에서 이동하는 속도와 전자의 이동속도가 거의 같다는 것이다. 또한 이 특성이 컴퓨터의 계산 속도를 좌우한다는 것이 알려져, 홀이 빠른 속도로 이동할 수 있는 반도체를 제작하는 것이 첨단 기술의 하나가 되었다. 전 세계의 학자들이나 기업의 연구가들이 호기심이나 좋은 제품의 개발 필요성에 의해 밤낮을 가리지 않고 연구에 몰두하고 있는 것도 그런 이유 때문이다. 홀의 이동에 대한 상세한 설명은 9장의 트랜지스터에서 하겠다.

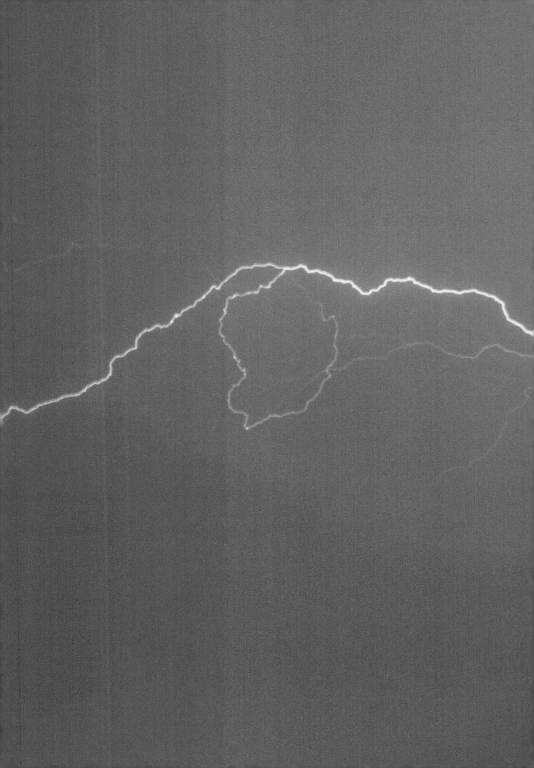

3장

전기와 비슷한 것끼리의 자기

3

전기와 비슷한 것끼리의 자기

전기와 자기의 비슷한 점과 비슷하지 않은 점

호박과 같이 작은 물질을 끌어당기는 성질을 나타내는 것에 자철광이 있다. 이것은 사철과 같은 작은 금속을 끌어당기는 힘이다. 이와 같이 전하를 띠지 않는 물질이 사철 같은 금속을 끌어당기는 현상을 자기(磁氣)라고 부른다. 이러한 자기력의 존재는 마찰전기와 마찬가지로 기원전부터 알려져 있었다.

자철광의 흡인력은 호박의 흡인력과 비슷하므로 고대 그리스 사람들은 호박과 자철광은 같은 종류의 것으로 생각했던 것 같다. 차이가 있다면 자철광은 호박처럼 아름답지 않았기 때문에 장식품으로 이용되지 않았다는 점이다.

그렇다고 자철광이 금속이면 무엇이든지 끌어당기는 것은 아니다. 금이나 은은 자철광에 끌리지 않는 금속으로, 자기라는 성질을 지니지 않는다. 전기현상 혹은 자기현상은 많은 학자들을 사로잡았다. 그들의 실험에 의한 미지의 현상에의 도전이나 가설에 의한 검증으로 서서히 전기현상, 자기현상을 둘러싸는 법칙이 보이기 시작했다.

자기와 전기가 서로 가장 비슷한 점은 양쪽이 모두 2종류의 극성이 있다는 점과 서로 흡인력과 반발력을 미치고 있다는 점이다. 예를 들어, 전기는 양의 전하와 음의 전하가 있고 자기는 N극과 S극이 있다.

반대로 양쪽이 서로 가장 다른 점은, 전기는 양과 음의 단극성의 전하를 독립적으로 일으킬 수 있는 것에 비해 자기는 단극성의 N극 혹은 S극만을 독립적으로 일으킬 수 없다는 것이다.

단극전하를 일으킨다

그러면 전기의 경우에서 단극성의 전하를 일으키는 현상을 살펴보자. 전하를 일으키는 가장 간단한 방법은 고대 그리스인이 호박 전기를 발견할 때처럼 2종류의 절연물을 마찰시키는 것이다. 유리와 모포를 마찰하는 경우를 보면 유리는 양극성, 모포는 음극성을 띤다. 같은 물질이라도 마찰하는 상대 물질을 바꾸면 양극성이 되거나 음극성이 되기도 한다. 그런 관계를 〈표 3-1〉에 나타냈다. 표에서 2개의 물질을 골라 마찰하면 왼쪽이 양극성, 오른쪽이 음극성의 전하를 발생한다. 표에 나타낸 물질을 고려하는 한, 가장 왼쪽에 있는 절연물인 유리는 항상 양극성의 전하를 띠고, 가장 오른쪽의 금속은 음극성의 전하를 띤다.

⊕	유리	양모	견직물	나무	종이	납	황	금속	⊖

표 3-1 | 마찰전기의 분류

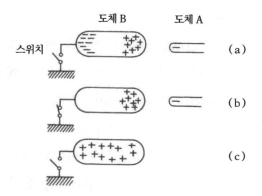

그림 3-1 | 음전하에 의한 정전기유도 현상:

(a) 양전하의 유도 (b) 음전하의 소멸 (c) 양전하의 재분포

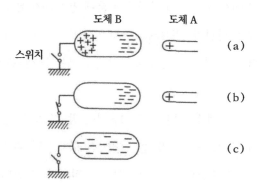

그림 3-2 | 양전하에 의한 정전기유도 현상:

(a) 음전하의 유도 (b) 양전하의 소멸 (c) 음전하의 재분포

그러면 절연물을 마찰하면 왜 전기가 발생할까. 마찰하게 되면 물질의
부분적인 온도가 상승하여 즉 그 물질을 구성하고 있는 원자가 격심하게

흔들려, 그 에너지에 의해 한쪽 물질의 내부에서 이탈한 전자가 상대 물질에 부착하기 때문에 전기가 발생하는 것이다. 이 마찰전기는 물질로부터 전자의 이탈성에 의해 특징 지어지는데, 온도나 습도에 영향을 받으므로 그 순서는 아직 이론적으로는 해명되지 않았다.

그렇다면 〈표 3-1〉에 나타낸 오른쪽 끝의 금속 도체에는 양의 단극성 전하를 대전시킬 수는 없을까. 여기에 열중하고 있던 연구자들은 그야말로 가슴을 조이면서 실험을 거듭했을 것이다. 그중 몇 가지에 대해 설명해 보자. 〈그림 3-1〉을 보기 바란다.

〈그림 3-1 (a)〉같이 음전기를 띤 금속 도체 A를 금속 도체 B에 접근시키면, 도체 B 속에서 도체 A에 가까운 부분에 양전하가 유도된다. 이 전하가 유도되는 것을 정전기유도(靜電氣誘導) 현상이라고 부른다. 흥미로운 것은 도체 B 속에서 도체 A와 멀리 떨어진 부분에는 도체 A와 같은 음전하가 발생한다는 점이다.

그러므로 도체 B에 유도된 양전하를 어떤 방법으로 남길 수 없을까 하는 생각을 하게 된다. 도체 A와 멀리 떨어진 도체 B의 부분을 〈그림 3-1 (b)〉같이 가늘고 긴 도선으로 대지와 연결한 것이다. 그러면 양전하는 도체 A의 전하에 이끌려 별로 움직이지 못하지만, 다른 끝 쪽에 존재하고 있던 음전하(전자)는 도체 B 및 가늘고 긴 도선이 대지와 동일한 전위(電位)가 되기 위해 대지로 이동한다. 대지와 동일한 전위가 된다는 것은 도선 내부의 전기장이 0으로 된다는 것과 같다. 도체 B와 도선이 대지와 동일한 전위가 되었을 때 도선을 분리하고 다시 도체 A를 도체 B에서 떼어내면,

〈그림 3-1 (c)〉와 같이 도체 B에는 도체 A와 반대의 양극성의 전하만이 남게 된다.

도체 A의 극성을 양극성으로 해도 동일한 방법을 사용하면 〈그림 3-2 (c)〉같이 음극성의 전하만을 모을 수도 있다.

정전기유도를 상세하게 보면

정전기유도 현상을 좀 더 상세하게 알아보자. 이 현상은 금속 내부에 다량의 자유전자가 존재하는 데 원인이 있다. 자유전자에 대해서 6장에서 상세하게 설명하겠다.

지금 도체 A의 극성이 양이라면, 도체 B 내에는 도체 A의 전하와의 사이에 쿨롱의 힘이 작용하고, 도체 B 내의 자유전자는 금속 내를 자유롭게 이동하여 도체 A에 가장 가까운 곳에 모인다. 이 현상은 패러데이에 의해 처음으로 밝혀졌다. 그러면 원래 금속 B는 전기적으로 중성이므로 물체 A에서 멀리 떨어진 곳에서 전자의 부족 상태가 생긴다. 전자가 부족하다는 것을 양전하가 과잉하게 되었다고도 말할 수 있다. 〈그림 3-2 (a)〉는 그러한 상태를 나타내고 있다.

양전하가 과잉한 부분을 가는 도선으로 대지와 연결하면 양전하가 없어진다. 〈그림 3-2 (b)〉와 같이 양전하는 도체를 구성하고 있는 원자(양극성을 지닌 금속 이온) 그 자체이므로 대지로 흘러나가지 않는다. 이 경우에, 양이온은 원자에서 전자가 이탈한 상태이므로 대지에 존재하고 있는 다량의 자유전자가 대지에서 도체 B로 이동하여 양이온과 결합한 상태로 된다.

그런 상태에서 대지와 금속 B를 연결하고 있는 스위치를 절단하면 도체 B는 전체적으로 전자가 과잉하게 된다. 그러므로 도체 A를 도체 B에서 멀리하면 과잉전자는 금속 전체에 고루 분포하게 된다. 이런 경우에 과잉하게 된 다수의 전자는 볼록한 데나 매끄러운 데에 관계없이 금속 표면의 전위가 일정하게 되도록 분포한다. 〈그림 3-2 (c)〉는 그러한 상태를 나타내고 있다.

이것과는 반대로 도체 A가 음극성의 전하를 띠고 있는 〈그림 3-1〉의 경우에는, 도체 A에서 멀리 떨어진 도체 B의 위치에 전자가 과잉하게 된다. 이 전자의 과잉 부분을 도선으로 대지와 연결하면 도체 B 내의 전자는 도체 B의 전위가 대지의 전위와 같도록 이동한다. 이런 상태에서 스위치를 절단하면, 도체 B는 전체로서 전자가 부족 상태로 된다. 그 결과로 〈그림 3-1 (c)〉와 같이 양전하를 띤 금속 물체가 된다.

앞서 대지에는 자유전자가 다량으로 존재한다고 했는데, 금속 내에서 과잉하게 된 전자는 대지에 존재하고 있는 다량의 자유전자와 반발하여 대지로 이동할 수 없지 않을까 하는 의문이 생긴다. 실제 문제인데, 대지에는 음극성의 자유전자나 양극성의 전하가 무수히 존재하고 있다. 금속 내의 전자가 대지로 이동했다 하여 대지의 전하분포가 변하는 일은 없다. 벼락의 경우에도 동일한 현상이 생기고 있다. 천둥과 번개를 동반하는 소나기구름 속의 전하와 반대 극성의 전하가 정전기유도에 의해 소나기구름 밑의 지표면에 발생하여, 양쪽 전하 간의 쿨롱의 힘으로 천둥방전 현상이 생기는 것이다. 이때, 대지의 전하 발생은 〈그림 3-1〉이나 〈그림 3-2〉로 설명한 것과 똑같은 메커니즘에 따르고 있다. 이와 같이 정전기유도 현상을 이용하면 금속의 경우라도 양, 음 어느 쪽이든지 단극성 전하를 일으킬 수가 있다.

단극자기는 일으킬 수 없다

그러면 자기의 경우는 왜 단극성의 자하(磁荷)를 일으킬 수 없을까. 단극성의 자극(磁極)을 얻는다는 것은 N극이면 N극, S극이면 S극만을 갖는 물체를 만든다는 뜻이다. 〈그림 3-3〉을 보기 바란다. 〈그림 3-3 (a)〉에 나

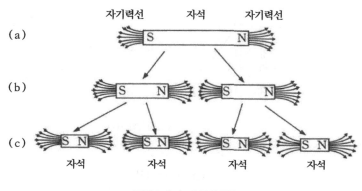

그림 3-3 | 자석의 구조

타낸 자성을 띤 물체(N과 S의 양극성을 지닌)는 아무리 절단해도 반드시 N극과 S극이 존재하고 있다. 양 끝에 N극과 S극의 자극을 지닌 자석은 절반으로 절단해도 〈그림 3-3 (b)〉처럼 양 끝이 N극과 S극으로 이루어지며, 2개의 자극을 가진 그대로다. 이것을 다시 절반으로 해도 〈그림 3-3 (c)〉

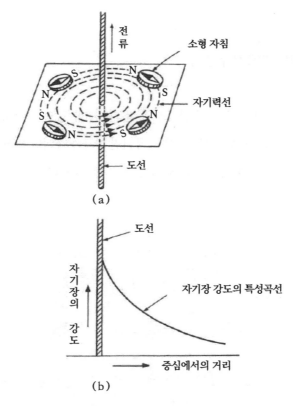

그림 3-4 | 전류와 자기장의 관계:

(a) 직류전류와 소형 자침 (b) 자기장 강도의 분포도

같이 역시 또 2개의 자극이며, 끝이 없이 이런 관계가 이어진다.

이제까지 많은 연구자들은 이러한 전기현상이나 자기현상에 파묻혀 연구에 열중했다. 그 결과 전기의 경우와 마찬가지로 자기의 매크로한 성질이 점차 밝혀졌다. 또한 그러한 매크로한 성질을 해명하기 위한 실험 결과를 설명하는 이론을 제대로 이해함에 따라, 보다 많은 사람들은 마이크로한 행동에 대해서도 흥미를 갖기 시작했으며, 매크로한 현상을 설명한 가설을 이번에는 마이크로한 현상에도 적용했다. 그리고 마이크로에는 마이크로 특유의 현상이 생기므로 새로운 가설과 개념을 적용하여 그것을 이해하려고 했다. 그 대표적인 예에 대해서는 11장에서 설명하겠다.

자기장의 원천은 전류다

1820년에 전기현상과 자기현상을 연결하는 역사적인 실험이 덴마크의 물리학자 외르스테드(Hans Christian Örsted, 1777~1851)에 의해 시행되었다. 하나의 도선에 직류전류를 흐르게 하면, 그 도선 주위에 동심원 모양으로 자기장이 발생하는 현상이다. 그 모델을 〈그림 3-4 (a)〉에 나타냈다. 하나의 도선을 하나의 얇은 종이의 아래에서 위로 수직으로 배치한 후 이 도선에 직류전류를 흐르게 하면, 그림과 같이 도선을 중심으로 종이 위에 난잡하게 놓여 있던 소형 자침이 동심원 모양으로 배열한다. 도선에 전류를 통과시키기 전에는 이 소형 자침은 지구의 북극을 가리키고

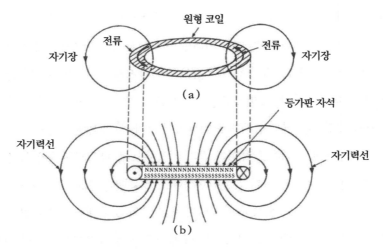

그림 3-5 | 원전류와 등가판(等價板) 자석:

(a) 원전류와 닫힌 자기장 (b) 등가판 자석의 구조

있으므로, 그것이 동심원 모양으로 배열한다는 것은 자력에 의해 기울어졌다는 것이 된다. 이 사실에서 전류에 의해 자기장이 발생한다는 것이 발견되었던 것이다. 이때 동심원 모양으로 생기는 선 모양의 자기장은 자기력선이라 불린다. 또한 발생하는 자기장의 강도는 도선에서 멀어질수록 약해진다. 이러한 상태를 〈그림 3-4 (b)〉에 나타냈다.

그렇다면 직선 모양의 도선을 원형으로 한 후, 도선에 전류를 흐르게 하면 어떠한 일이 생길까. 이 경우에도 자기장은 역시 도선의 둘레에 동심원 모양으로 발생하는 것을 알았다. 〈그림 3-5 (a)〉는 원형 도선에 직류전류를 흐르게 했을 때, 도선을 흐르는 전류와 발생한 자기장의 관계

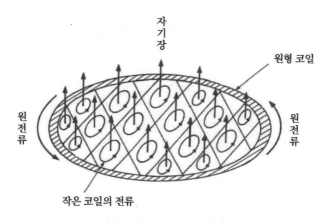

자
기
장

원형 코일

원
전
류

원
전
류

작은 코일의 전류

그림 3-6 | 원전류와 그 내부의 분할된 전류

이다. 〈그림 3-5 (b)〉는 도선을 수평으로 배치했을 때의 모습이다. 〈그림 3-5 (b)〉를 보기 바란다. 루프(고리) 도선의 안쪽에서는 자기장이 아래쪽에서 위쪽으로 향해 발생하고 있다는 것을 알 수 있다. 그러므로 원형 코일에 전류가 흐르고 있을 때 그 내부에서 어떤 현상이 일어나고 있는가를 생각해 보기로 하자.

우선 원형의 도선에 전류를 흐르게 하면 자기장이 발생한다는 것은 알았으나, 원의 반지름에 따라 코일 안쪽의 자기장이 변화할 것인가 하는 의문이 생긴다. 흥미로운 것은 자기장의 크기는 원의 반지름에는 무관하며 전류의 크기만으로 결정된다. 이것은 실험으로도 확인되었다. 이점에 주목해 보자.

지금, 〈그림 3-6〉과 같은 큰 원형 코일의 안쪽이 작은 코일(그림에서는

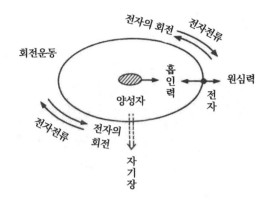

그림 3-7 | 보어 자자와 자성

마름 모양으로 되어 있다)로 채워져 있다고 가정하자. 큰 원형 코일을 흐르는
전류와 크기, 방향도 모두 같은 전류가 작은 코일 속을 흐르므로, 작은 코
일에서 발생하는 자기장의 강도는 큰 원형 코일에 의해 발생하는 자기장
의 강도와 같은 것이다. 즉 작은 코일에 의한 자기현상은 큰 1개의 코일을
가지고 다룬 결과와 일치하게 된다. 그런데 작은 코일의 주위는 서로 접하
고 있으나 각각의 코일에는 크기가 서로 같고 방향이 반대인 전류가 흐르
므로, 서로 상쇄되기 위해서는 작은 원에는 전류가 흐르지 않게 된다. 그
결과, 큰 원형 도선에만 전류가 흐를 때와 동일한 자기장이 생기게 된다.

〈그림 3-5〉(b)와 같은 메커니즘으로 자기장을 발생하는 원전류(圓電流)
를 등가판 자석이라 한다. 이러한 전류가 흐르는 루프를 자동차 타이어를
쌓아 놓는 것같이 몇 개를 겹쳐 놓고, 그것에 동일 방향의 전류가 흐르도

록 접촉시키면 강력한 자기장을 형성할 수 있다. 이것이 코일이다.

원전류에 의해 자기장이 발생하는 것을 알게 되니, 자석의 자기장은 그 내부에 원전류가 흐르고 있다는 가정으로 설명을 시도하려고 열심히 노력한 사람들이 있었다. 자석을 점차 잘게 만들고 있는 사이에, 자석의 최소 단위인 원자는 어쩌면 원래부터 자성을 띠고 있는 것일지도 모른다는 데 주목하게 되었다. 원자가 자성을 띠고 있다는 가설하에서 원자의 내부로 원전류가 흐르고 있다는 발상을 하게 되었다.

초기의 원자 모델은 그 중심에 존재하고 있는 양극성의 양성자와 그 주변을 회전하고 있는 전자로서 구성되어 있다. 전자는 회전운동을 하고 있으나, 이것은 원전류가 흘렀다는 것과 같은 뜻이다. 사실, 이렇게 생각함으로써 실험 결과와 일치될 수 있었다. 이렇게 전자가 회전하는 것으로 인해 발생하는 원자 내의 자기는 보어 자자(Bohr magneton)라고 한다. 〈그림 3-7〉은 그 모델 그림이다. 즉 지구가 태양 주위를 회전하고 있는 것같이, 전자가 양성자의 주위를 회전하고 있는 것을 나타내고 있다.

전자의 자전과 물질의 자성

그런데 원자의 구조를 조사하는 과정에서 원자의 내부에는 원자번호와 같은 수만큼의 음의 전하를 띤 전자가 존재한다는 것을 알았다. 수소 원자는 원자번호가 1번이므로 1개의 전자가 존재하고 있다. 14번의 탄소 원소라면 14개의 전자가 존재하고 있는 셈이다. 또한 원자의 중심에 있는 원자핵 속에는 양의 전하를 띤 양성자가 전자와 같은 수로 존재한다는 것도 알았다. 양쪽은 서로 쿨롱의 힘으로 결합되어 있다. 원자에 대해 연구를 거듭하는 사이에, 이러한 전자는 규칙적으로 배열하고 있으며 2개씩 쌍으로 존재하는 성질이 있다는 것도 알았다. 이것은 전자가 자전하고 있다는 것과 관계된다.

1925년에 오스트리아의 물리학자 파울리(Wolfgang Pauli, 1900~1958)는 전자가 자전하고 있는 메커니즘을 도입하는 것으로, 원자에서 방출되는 스펙트럼에 관한 실험 결과를 설명하는 데 성공했다. 이 사실은 스펙트럼을 복사(輻射)하고 있는 원자를 자기장 속에 넣으면 1개인 것으로 생각되었던 스펙트럼선이 2개로 갈라지는 실험 사실로부터 밝혀지게 된 것이다. 그리고 전자가 자전하는 것을 전자스핀이라 명명했다. 이 설에서 하나의 전자스핀에 의한 자기장의 강도는 일정하며, 회전축의 방향은 상향과 하향의 2가지가 있는 것으로 가정했다. 사실 이 전자의 자전이 원자의 자성과 깊은 관계가 있다. 전자스핀에 방향이 있는 것은 전자의 자전 방향에 따라 자성의 발생 방향이 다르기 때문이다. 일련의 전자스핀에 대한 연구로서 밝혀진 사실을 다음에 설명하기로 하자.

수소 분자는 왜 자성을 지니고 있지 않은가

전자스핀의 존재는 원전류가 흐르고 있다는 것을 가정하여 이해되고 있다. 이 전류의 방향에서 자기장의 방향이 결정되는 것이다. 전자가 자전하는 축의 방향이 자성을 나타내고 있다면, 수소 원자는 전자가 1개만 존재하고 있으므로 자성을 나타내는 원자다. 그러나 잘 알려져 있는 바와 같이, 수소는 단독으로는 안정하게 존재할 수 없는 전자다. 2개의 수소 원자가 결합하여 수소 분자의 형태로서 존재하고 있다. 즉 수소 분자는 2개의 양성자와 2개의 전자가 존재하고 있는데, 〈그림 2-1〉에서 보는 바와 같이 2개의 전자는 스핀의 축을 서로 역방향이 되도록 하고서 결합하고 있다. 그 결과 수소 분자는 2개의 전자스핀에 의한 자기장이 서로 상쇄되어 자성을 나타내지 않는 분자가 되었다.

이때 왜 2개의 전자가 서로 스핀을 상쇄할 수 있게 배치하는가 하면, 그러한 결합을 함으로써 원자가 결합하는 데 필요한 에너지가 적어도 되고 분자가 안정하게 존재할 수 있기 때문이다. 자연계에서 생기는 현상은 모두 에너지가 최소인 상태로 이행하는 성질이 있다. 이것을 에너지 최소 원리라고 부른다.

헬륨 원자는 2개의 전자와 2개의 양성자 그리고 2개의 중성자로 이루어져 있는데, 2개의 전자는 스핀의 방향이 서로 역으로 된 상태로 결합하고 있다. 따라서 수소 분자와 같이 외부에 대해 자성을 나타내지 않는다.

그런데 원자번호가 커지면 양성자에서 멀리 떨어진 바깥쪽 궤도에 존재하는 전자는 스핀의 축이 상하 방향으로 쌍을 이루는 규칙성에서 벗어난다. 때로는 동일한 방향으로 스핀이 배열된 원자가 존재하며 자성이 강한 원자가 나타난다. 즉, 단일 방향으로 전자스핀을 갖는 원자의 집합체인 자성 재료가 생기게 된다. 주기율표에 의하면 원자번호가 57인 란탄에서 71인 루테튬까지의 원자는 희토류 원소라 불리는, 자성이 가장 강한 원소다.

이러한 생각에 의하면, 전자의 자전에 의해 자성이 나타난다고 설명하고 있는 바에서는 N극과 S극을 분리할 수 없다는 결론에 도달한다. 그러나 현재에도 앞에서의 설명은 틀린 것이라고 여겨, N극과 S극을 단독으로 분리할 수 있다고 믿고 연구하고 있는 학자들도 많다.

4장

전지와 전기

4

전지와 전기

화학반응에 의해 전기가 발생한다

전지(電池)란 산화반응과 환원반응에 따르는 화학변화를 이용하여 전기를 발생하는 장치다. 산화반응은 어떤 원소가 산소와 반응하여 산화철 같은 산화물을 생성하는 것이다. 그리고 환원반응은 산화물에서 산소를 제거하는 반응이다. 또한 어떤 물질에서 수소를 얻는 경우도 환원반응에 포함한다. 원래 화학반응에서 원자나 분자는 서로 결합하여 보다 안정한 새로운 분자가 되려는 경향이 있으며, 이 반응이 생겼을 때 여분의 에너지를 방출하는 현상을 이용하고 있는 것이 전지다. 그 기초가 되는 화학반응은 온도에 민감해서 화학반응을 지속하기 위해서는 적당한 온도 상태가 필요하다.

1782년 이탈리아의 볼타는 '콘덴서레이트'(압축된 것)라고 불리는 축전기를 발표했다. 이것이 화학반응을 이용한 최초의 전지다. 그 후 2종의 금속을 접촉하는 것만으로 전기가 발생하는 것도 발견했다. 그리고 양전극과 음전극이 되는 '되기 쉬운 것'으로서 아연에서 납, 주석, 철, 은, 금, 석묵의 순서를 제시했다. 이때 임의로 2종류의 금속을 선택했을 때 앞의 것이 양극성, 뒤의 것이 음극성이 된다. 이것은 마찰전기의 경우에 2종류의 절연물을 마찰하면 그 조합에 의해 같은 물질이 양극성이 되거나 음극성이 되는 것과 비슷한 흥미로운 현상이다.

전지는 주로 건전지와 축전지로 분류되고 있으나, 전문가들 사이에서는 1차 전지와 2차 전지로 분류하는 경우가 많다. 1차 전지는 볼타가 발견한 것과 같은 것이다. 이것은 전기를 사용하여 전지 내의 전기가 없어지면 두 번 다시 전지로서 사용할 수가 없다. 그러나 2차 전지는 한번 전기를 외부로 방출한 다음에도 전지에 역방향의 직류전류를 흐르게 하면 다시 전지로서 기능이 회복되고 반복 이용할 수 있다. 이런 종류의 축전지는 1859년에 프랑스의 플란테(Gaston Planté)가 만든 것이 최초다. 자동차의 배터리로 불리는 전지에는 이런 종류의 것이 사용되고 있다.

건전지의 내부에서 일어나는 일

묽은 황산 같은 전류가 흐르기 쉬운 전해질의 용액에 금속을 담그면, 금속은 용액에 녹아 금속 이온이 되는 경향이 있다. 이때 금속 원자가 이온이 되는 '되기 쉬운 것'을 이온화 경향이라고 부른다. 용액에 녹은 금속 원자는 양이온이고 그 결과 용액은 양의 전위로 충전되는 결과가 된다. 한편, 용액 속에 배치된 전극에는 전자가 남고 전극은 음의 전위가 된다. 즉 전극을 이루고 있는 금속 원자가 금속 이온이 되어 용액 속에 녹을 때,

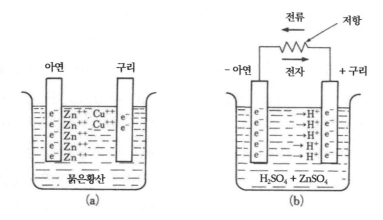

그림 4-1 | 건전지의 내부 구조와 전하의 발생:

(a) 전류가 흐르지 않을 때 (b) 전류가 흐르고 있을 때

양극성의 이온과 음극성의 전자로 분리하는 것에 의해 전압이 발생한다.

　그 메커니즘은 후에 설명하겠으나, 금속은 한없이 용액에 녹는 것도 아니고 어느 한도에 이르러 평형 상태가 된다. 이 평형 상태는 금속 원자가 금속 이온이 되어 전해액 속에 용해되는 힘과 용해된 금속 이온이 전극 내에 남은 전자와 쿨롱의 힘에 의해 끌어당겨지는 흡인력이 균형을 이룬 상태를 말한다.

　금속원자가 이온이 되는 경향은 금속의 종류에 따라 다르다. 예를 들어 〈그림 4-1 (a)〉같이 아연(Zn)과 구리(Cu)를 묽은 황산 속에 넣으면 양쪽 전극은 모두 양극성 아연 이온(Zn^{2+})과 구리이온(Cu^{2+})이 되어 묽은 황산 속에 용해된다. 그러나 아연이 구리보다 이온이 되는 경향, 즉 이온화 경향이 크므로 아연 전극에 남은 전자 수는 구리 전극에 남은 전자 수보다 많아진다. 따라서 아연 전극의 전위는 용액에 대해 구리 전극보다 낮아진다.

양쪽 전극의 근방에서 충분하게 이온화 반응이 이루어져 평형 상태에 이룬 후에, 구리 전극과 아연 전극을 가는 금속 도선으로 연결하면 도선 내의 전위가 같아지도록 아연 전극의 과잉전자가 구리 전극 쪽으로 이동한다. 전자가 도선 내를 이동하는 것으로 아연 전극의 전위는 상승하고 구리 전극의 전위는 낮아진다. 아연전극의 전위가 상승한 만큼 묽은 황산과 아연 전극의 전위차가 적어지고, 전하가 이동한 만큼 쿨롱의 힘이 약해진다. 그 결과 이온화 경향이 쿨롱의 힘을 능가하여 아연이 금속 이온으로 되어 다시 묽은 황산 속에 계속 용해된다.

이것에 대해 전자가 흘러 들어갔기에 전위가 낮아진 구리 전극은 묽은 황산과의 사이의 전위차가 커지므로 쿨롱의 힘이 강해져 이온화 반응은 더욱 일어나기 어려워진다. 이러한 현상은 묽은 황산 속의 양이온과 전극 내의 전자에 의한 쿨롱의 힘이 이온화 반응보다 강한가 약한가에 의해 정해진다. 도선 내를 전자가 이동하는 방향에서 구리 전극이 양극, 아연 전극이 음극이 된다는 것을 알 수 있다.

전지 속의 화학반응

그러면 앞에서 설명한 화학반응을 화학기호를 사용하여 설명해 보자.

이 전지의 음극에는 다음과 같은 이온반응이 생기고

$$Zn \rightarrow Zn^{2+} + 2e^-$$

〈그림 4-1 (a)〉와 같이 금속아연 Zn이 아연 이온 Zn^{2+}와 전자 $2e^-$로 분리한다. 동시에 음극 근방의 묽은 황산 속에서는 아연 이온과 황산이 다음과 같은 반응을 일으켜,

$$Zn^{2+} + H_2SO_4 \rightarrow ZnSO_4 + 2H^+$$

황산아연 $ZnSO_4$와 2개의 수소 이온 $2H^+$를 방출한다. 즉 음극 전체로는

$$Zn + H_2SO_4 \rightarrow ZnSO_4 + 2H^+ + 2e^-$$

의 반응이 일어나 음극의 전극에는 다수의 전자가 그리고 묽은 황산 속에는 수소 이온이 발생한다. 여기서 묽은 황산 속의 아연 이온 Zn^{2+}이 황산기 SC_4^{2-}와 결합하여 2개의 수소 이온 H^+를 방출하는 것은, 황산기 SO_4^{2-}가 수소 이온 H^+와 결합하는 것보다 아연 이온 Zn^{2+}와 결합하는 것이 더 안정된 물질이 되기 때문이다. 묽은 황산 속에 방출된 수소 이온이 많아지면, 이 양이온과 금속 내의 전자가 쿨롱의 힘으로 결합하려는 작용이 강해져 이온화 반응이 일어나기 어렵게 된다. 이 수소 이온은 이온화 경향이 큰 아연 전극 쪽으로는 이동하기 어려우므로 〈그림 4-1 (b)〉같이 이온화 경향이 작은, 즉 수소 이온의 이동을 방해하는 작용이 작은 구리 전극 쪽으로 이동하게 된다. 원래 구리는 아연보다 이온화 경향이 작으나 저항을 통해 유입된 전자로 인해 쿨롱의 힘이 강해지고 이온화 경향은 더욱 약화된다. 따라서 구리 전극의 표면에 다다른 수소 이온은 강한 쿨롱의 힘에 의해 구리 전극 속의 전자와 결합한다. 전하를 상실한 수소 이온

은 구리 전극의 표면에 석출되어 중성의 수소가스 H_2가 된다. 즉, 이 전지의 양극 쪽에는

$$2H^+ + 2e^- \rightarrow H_2$$

의 반응이 일어나고 있는 셈이 된다. 수소 이온과 전자가 결합했을 때 음전하(전자)가 소멸하므로, 당연히 구리 전극의 전위가 상승한다. 여기에 수반하여 구리 전극보다 전위가 낮아진 아연 전극에 존재하고 있는 다수의 전자가 도선 내를 이동하여 구리 전극 쪽으로 집적하게 된다. 이 전자가 다시 묽은 황산 중의 수소 이온과 결합하게 되는 것이다.

전자가 도선 내를 이동한 것은 전류가 구리 전극에서 아연 전극으로 흘렀다는 것과 같은 것이다. 수소 이온이 전자와 결합했을 때 처음으로 화학적 에너지가 전기로 나오게 되는 것이다.

화학 에너지에서 전기 에너지로

위에서는 전지 속의 양쪽 전극 근방에 일어나는 현상을 따로따로 설명했으나 전체로서는

$$Zn + H_2SO_4 = ZnSO_4 + H_2 + (화학적 에너지)$$

의 반응이 일어난 것으로 이해하고 있다. 이때 방출되는 화학 에너지가 전압으로서 전극 간에 나타난다. 이 전압에 의해 저항에 전류가 흐르면 처음 앞에서 설명한 전기화학 에너지가 줄열(Joule's Heat)로서 작용할 수

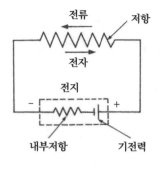

그림 4-2 | 전지의 등가회로와 내부 저항

있게 된다.

그런데 전지를 저항으로 연결했을 때 저항 속을 흐르는 전류의 크기는 도선 저항 이외에 전지 내부에 존재하는 저항에도 영향을 받는다. 이것은 전지의 내부 저항이며 독일의 물리학자 옴(Georg Simon Ohm, 1787~1854)에 의해 처음으로 지적되었다. 이 생각에 따르면 〈그림 4-1〉에 나타낸 전기현상은 〈그림 4-2〉 같은 전기회로로 치환할 수가 있다.

이 내부 저항은 수소 이온이 액체 속을 이동할 때 생기는 저항인데, 이것 이외에 또 하나의 내부 저항의 메커니즘을 갖는 요소가 있다. 그것은 수소 이온이 양극 속의 전자와 중화하여 중성의 수소 가스로 될 때 전극 근방에서 석출하기 위해 계속 구리 전극 쪽으로 이동하는 수소 이온의 석출을 방해하기 위해 일어나는 저항이다. 이것은 성극(成極)작용이라 불리고 있다. 이 내부 저항에 의한 에너지의 손실도 크다. 전지의 효율을 좋게 하기 위해서는 이 작용을 경감시킬 필요가 있으며, 전지 속에서 수소와 결합하여 성극 작용을 약화시키는 감극제가 사용된다.

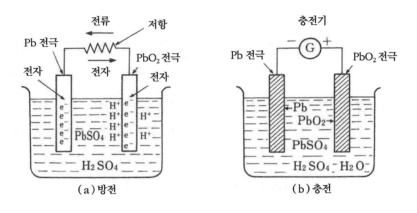

그림 4-3 | 축전지의 내부구조와 전하의 발생:

(a) 전류가 흐르고 있을 때 (b) 전기분해에 의한 금속의 석출

축전지 내부에서 일어나는 일

〈그림 4-3 (a)〉와 같이 납판 Pb와 과산화납판 PbO_2를 묽은 황산 H_2SO_4 속에 담글 경우를 생각해보자. 이 경우에 납이 납 이온 Pb^{2+}로 되어 묽은 황산에 용출하는 메커니즘은 건전지의 경우와 같다. 다시 이 납 이온은 묽은 황산의 황산기 SO_4^{2-}와 반응하여 황산염 $PbSO_4$가 되는 동시에 2개의 수소 이온 H^+를 방출한다. 이 메커니즘이 일어나는 것은 황산기 SO_4^{2-}가 납 이온 Pb^{2+}와 결합하는 것이 수소 이온 H^+와 결합하는 것보다 안정한 분자가 되기 때문이다. 이에 비하여 과산화납은 묽은 황산 속에서는 이온으로서 용해되기 어려운 성질이 있다. 따라서 납 전극은 용액에

대해 전위가 낮아지나 과산화납 전극은 낮아지지 않는다.

이 전지의 경우 납 전극에서는 이온화 반응에 의해 납 이온과 전자로 분리한다.

$$Pb = Pb^{2+} + 2e^-$$

동시에 묽은 황산 속의 납 전극 근방에서는 납 이온이 황산과 다음 반응을 일으켜 수소 이온을 발생한다.

$$Pb^{2+} + H_2SO_4 = PbSO_4 + 2H^+$$

즉 음극 쪽 전체로서

$$Pb + H_2SO_4 = PbSO_4 + 2H^+ + 2e^-$$

의 반응이 일어나고, 납 전극은 전자가 과잉하게 된다. 그 결과 납 전극은 묽은 황산에 대해 전위가 낮아진다. 그러므로 양쪽 전극을 가는 금속 도선으로 연결하면 양쪽 전극은 묽은 황산에 대해 전위가 같게 되도록 납 전극의 과잉전자는 과산화납 전극으로 이동한다. 당연한 일이지만, 이온화 경향이 큰 납 전극이 음극, 이온화 경향이 작은 과산화납 전극이 양극이 된다. 따라서 과산화납 전극에서 납 전극으로 전류가 흐르게 된다.

전자가 흘러나온 납 전극의 전위는 상승하고 전자가 유입된 과산화납 전극의 전위는 낮아진다. 납 전극의 전위가 상승한 것은 용액과의 전위차가 평형 상태에 있었던 때보다 작아지고, 그만큼 이온화 반응이 활발해지기 때문이다.

이것에 비해 과산화납 전극은 납 전극에서 이동해 온 전자에 의해 전위가 낮아지므로, 그 결과로 과산화납 전극과 용액과의 전위차가 커진다.

묽은 황산과 과산화납 전극과의 전위차가 평형 상태보다 커지면 이온화 반응은 더욱 약화된다.

　납 이온으로 치환된 묽은 황산 중의 수소 이온은 이온화 경향이 큰 아연 전극에서 이온화 경향이 작은 과산화납 전극으로 이동하기 쉽게 된다. 과산화납 전극에 도달한 수소 이온은 쿨롱의 힘에 의해 양의 전하를 전극에 주고 전극 속의 전자와 결합한다. 그때 양극 근방에서는 다음과 같은 반응이 일어난다.

$$PbO_2 + 4H^+ + SO_4^{2-} + 2e^-$$
$$\rightarrow PbSO_4 + 2H_2O + \text{(화학적 에너지)}$$

　과산화납 전극 쪽 반응의 상세한 메커니즘은 제대로 해명되어 있지 않으나 수소 이온이 과산화납의 산소와 결합하는 경향이 강한 것이 이 반응의 관건이다. 이 반응은 산소가 과산화납 전극 내의 전자와 결합하여 음이온이 되는 경향이 강하기 때문에 일어나는 것이다. 또한 과산화납의 납은 황산기와 강하게 결합하는 성질이 있다. 양쪽의 작용이 융합하여 전기를 방출하는 동시에 황산납과 물이 발생하는 것으로 해석되고 있다.

　그런데 수소 이온 H^+가 과산화납 전극에 양의 전하를 띠게 했을 때 과산화납 전극의 전위는 상승하지만 그것에 수반하여 납 전극 속의 전자가 저항을 통해 과산화납 전극으로 이동한다. 이때 납 전극의 전위는 다시 상승하고, 묽은 황산과 납 전극 사이의 전위가 감소하므로 납 전극 근방의 이온화 반응은 증대하게 된다. 물론 납 전극과 용액 사이의 전위도 전지의 전압 발생에 공헌하고 있는 셈이다. 이러한 과정을 거쳐서 전지 속에서 전기가 발생하는 기전반응(起電反應)이 일어나고 있다.

충전과 전지의 재생

앞에서 설명한 반응을 통해 전해액은 황산의 농도가 감소하고 반대로 황산납과 물이 증가한다. 이런 상태는 화학적 에너지의 상실을 의미한다. 그러므로 이 상태의 전해액 중의 전극 사이에 먼저와는 반대 방향으로 전류를 흐르게 하면 전해액 속의 황산납과 물은 전기 분해하여 납, 과산화납 그리고 황산으로 분리한다. 그 결과 〈그림 4-3 (b)〉와 같이 한쪽 전극에는 납이, 그리고 다른 쪽 전극에는 과산화납이 석출한다. 전해액 속에 전류를 흐르게 함으로써 용액 속의 금속 원자가 전극에 석출하는 현상은 구리도금이나 은도금 등 전기도금으로 널리 응용되고 있다. 즉 전지는 최초 상태로 회복되고 다시 전지로써 이용될 수 있는 것이다. 이것이 일반적으로 축전지(蓄電池)라고 불리는 전지다.

화학반응으로 발생한 에너지가 모두 전기가 되는 것은 아니다

화학반응에 의해 방출된 에너지가 전기로 변환되는 예를 앞에서 설명했으나 이 에너지가 모두 전기가 되는 것은 아니다. 그 이유는 화학반응

자체를 지속하기 위해서도 에너지가 사용되기 때문이다.

화학반응에 의해 방출되는 에너지 중, 전기로 변환되는 에너지는 유효한 에너지로서 '깁스의 자유 에너지'라고 한다. 이것과 달리 반응을 지속하기 위해 필요한 에너지는 '무효 에너지'라고 한다.

화학반응이 일어나기 위해서는 원자나 분자가 서로 접근해야 하는데 온도가 낮으면 원자나 분자의 운동이 약화되어 화학반응이 일어나기 어렵다. 따라서 화학반응을 촉진하기 위해서는 원자나 분자의 운동을 활발하게 할 필요가 있다. 그러기 위해 소비되는 에너지가 무효 에너지다. 이것은 원자나 분자가 화학반응을 통해 결합했다고 해서 방출된 에너지가 모두 전기로 이용될 수 없다는 것을 뜻하고 있다.

반대로 말하면 전기로 변환된 에너지와 화학반응을 지속하는 데 소비된 에너지의 합이 화학반응에서 방출된 전체 에너지와 같다는 것이다. 이 에너지는 엔탈피라 부른다. 엔탈피의 양은 온도, 압력, 부피에 관계없이 항상 일정하다. 이 생각은 1897년에 영국의 켈빈(Baron Kelvin, 1824~1907)에 의해 제안되었다.

그런데 화학반응을 지속하기 위해서는 어느 온도 상태가 유지되어야 한다고 했는데, 이 무효 에너지는 온도에 의존하고 있는 양이므로 반응 온도가 높으면 높을수록 커진다. 그것에 수반하여 전기로서 작용할 수 있는 유효한 에너지는 감소하게 된다. 온도가 높으면 전지의 효율이 낮아지는 것도 그 때문이다. 그렇다고 전지의 온도를 낮추면 효율이 계속 높아지는가 하면, 여기에도 문제가 있다. 온도가 낮아지면 낮아질수록 분자운동이 약화되어 화학반응이 일어나기 어렵게 된다. 동작 온도가 낮아지면 1개의 분자가 화학반응을 일으켰을 때 방출하는 전기 에너지는 많아지나, 정해진 시간 내에 전지가 방출하는 전체 유효 에너지는 적어지는 것이다.

전지에서 발생하는 전압

화학반응에 의해 방출된 에너지가 전기로 변환된다고 했으나, 어느 정도의 전압이 발생하는 것일까. 이것은 분자 1개가 전자와 양이온으로 분리하는 것에 의해 발생하는 전압으로, 분자의 종류에 따라 다르다. 전지로써 사용되고 있는 재료의 경우 1.5볼트 전후다. 좀 더 상세하게 말하면 깁스의 자유 에너지의 크기는 화학반응에 관여하는 전자의 수와 출력 전압의 곱에 비례한다. 이 비례계수는 23.06인데, 전기분해의 현상을 확립한 패러데이의 업적과 관련하여 패러데이 상수라고 부른다.

예를 들어 〈그림 4-3〉의 납축전지의 경우, 25℃에서 과산화납 전극에 발생하는 전압이 1.59볼트, 납 전극에서는 마이너스 0.8볼트다. 따라서 이상적인 전압으로는 이 두 가지의 차인 약 2.4볼트가 발생하는 셈이다. 판매되고 있는 건전지가 이상전압 2.4볼트보다 낮은 1.5볼트인 것은 앞에서 설명한 무효 에너지 등을 고려하여 항상 안전한 전압을 유지하기 위해서다.

연료전지란 어떤 전지인가

최근 주목하는 전지로서 연료전지가 있다. 이런 종류의 전지는 처음에 영국의 데이비에 의해 제안되었는데, 그것은 탄소와 산소가 반응했을 때 전기를 발생함과 동시에 탄산가스를 발생하는 구조로 되어 있었다. 이런 형태의 연료전지는 아직껏 실현되어 있지 않으나, 그 후 수소와 산소의 연료전지가 고안되어 이것은 이미 실용화되어 있다.

수소와 산소는 직접 반응하면 폭발하여 순간적으로 큰 에너지를 방출하는데, 이 연료전지는 환원제인 수소와 산화제인 산소가 전해액을 매개로 하여 반응하는 구조로 되어 있는 것이 특징이다. 이 경우에는 순간적인 반응에 의한 폭발도 일어나지 않고 또한 발열도 수반하지 않는다. 이런 종류의 연료전지는 1970년에 발생한 아폴로 13호의 사고로 유명해졌다.

산소─수소의 연료전지를 이용하고 있던 아폴로 13호가 달을 향해 발진했을 때, 비행 도중에 산소 연료탱크에 운석이 충돌하여 연료탱크를 파손시켰다. 비행 도중에 연료인 산소가 없어져 비행을 계속하기가 어려워졌다. 물론 아폴로 13호는 지구의 중력권 밖으로 탈출하면 진행 방향만 바꾸지 않는다면 에너지가 없어도 관성력에 의해 비행을 계속할 수 있다. 그러나 진행 방향을 바꿀 때는 에너지가 필요하다. 그 당시 가장 염려되었던 것은 아폴로 13호가 달 주변에 이르렀을 때, 달의 인력을 이용하여 달 주변을 회전할 수는 있다 하더라도, 달의 인력으로부터 탈출할 수가 없어 영원히 지구로 돌아오지 못할까 하는 것이었다. 그 당시 미국 대통령이었던 닉슨은 TV 연설에서 비행사의 안전을 기원하는 메시지까지 발표할 정도였다. 이 연료전지는 반응의 부산물로서 물이 생성되고 비행사는 이 물을 음료수로 이용했다. 다행스럽게도 아폴로 13호 내의 비행사는 한 잔의 물로 일주일을 견뎠으며 또한 얼마 안 되는 에너지를 이용하여 달의 인력으로부터 탈출하는 데도 성공했다.

그럼 연료전지의 원리를 설명하기로 하자.

일반적으로 수소 H_2와 산소 O_2의 연소반응이 일어나면, 수소 1몰당 화학 에너지 ΔH가 열로서 방출된다. 여기서 1몰이란 1분자량 안에 포함되어 있는 분자 수가 아보가드로 수(6×10^{23}개)로 되어 있는 상태를 말한다. 이러한 관계를 반응식으로 나타내면 다음과 같다.

$$H_2 + \frac{1}{2}O_2 \rightarrow H_2O + \Delta H$$

이 반응으로 방출되는 화학 에너지는 1몰당 241.8킬로줄이다. 이 화학 에너지를 전기 에너지로서 이끌어내는 것이 연료전지다.

연료전지의 3요소

다음은 연료전지의 내부 구조에 대해서 알아보기로 하자. 연료전지는 크게 나누면 양극, 음극 그리고 전해질 용액(간단히 전해액이라고 부르기도 한다)의 3요소로 구성되어 있다. 그중에서도 가장 중요한 부분은 전극이다. 〈그림 4-4〉는 산소―수소 연료전지의 원리를 나타낸 그림이다. 여기서 양극과 음극은 모두 모세관 같은 다공질의 금속 혹은 탄소로 되어 있다. 또한 전지에 사용되는 전해액은 가성칼리(KOH)의 수용액이며 다공질 전극의 내부에 침투시킬 수는 있으나, 연료인 수소 가스의 용기 속까지는 들어갈 수 없게 되어 있다. 반대로, 연료인 수소 가스는 다공질의 전극 안을 통과하여 전해액 속에 용해될 수 있는 구조로 되어 있다.

수소 가스는 다공질인 전극 안을 이동하고 있는 사이에 전해액과 반응하여 양극성의 수소 이온과 전자로 분리되는 반응이 일어난다. 이때 전압이 발생하는 것은 건전지나 축전지의 경우와 같다. 이 반응으로 발생한 전자가 전극에 부착하면 전극의 전위는 용액에 대해 낮아진다. 이것과는 달리, 수소 이온은 전극의 가는 구멍을 통과하여 전해액 속으로 침입할 수 있다. 이 경우에 수소 이온에는 전극 안의 전자와 쿨롱의 힘이 작용하여 이온화 반응이 약화되어 평형 상태가 된다.

이것과는 반대로 산소가 존재하는 전극은 양이온을 방출하지 않으므로 전위는 변하지 않는다. 그러므로 저항을 매개하여 양쪽 전극에 연결하면, 수소 쪽 전극의 전자가 산소 쪽 전극으로 흘러 양쪽 전극은 용액에 대해 같은 전위로 된다. 즉 전류는 전자가 흐르는 방향과 반대이므로 산소 전극 쪽에서 수소전극 쪽으로 흐르게 되니 수소 쪽이 음극, 산소 쪽이 양극으로 된다.

전자 이동에 수반하여 수소 쪽 전극의 전위가 용액에 대해 상승하므로 이온화 반응이 다시 활발해진다. 이 반응으로 발생한 전자는 다시 저항을 통해 산소 쪽의 전극으로 이동한다. 한편 이온화 반응으로 발생한 수소

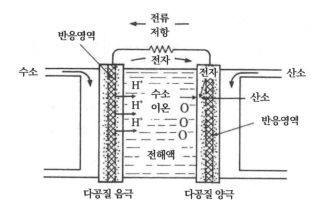

반응영역

수소

수소
이온

전류
저항

전자

전자

산소

산소

반응영역

전해액

다공질 음극   다공질 양극

그림 4-4 │ 산소−수소 연료전지의 모델

이온은 이온화 반응이 일어나기 어렵고 또한 쿨롱의 힘이 강한 산소 쪽으로 이동한다.

부산물로서 물이 발생한다

이것과는 달리, 산소 쪽은 산소 가스에 전자가 부착하여 음이온이 되는 경향이 있다. 음이온으로 된 산소는 양극성인 수소 이온과 결합하여 앞에서 언급한 바 있는 우주비행사가 마신 물을 발생하는 것이다.

수소 쪽에서 이온화 반응이 생길 때 전압이 발생하는데, 산소 가스가 전극 안의 전자를 탈취할 경우에도 전압이 발생한다. 양쪽 전극에서 일어나는 반응은 산화와 환원이므로 발생하는 전압의 극성은 반대가 된다. 이 때 양쪽 전극을 도선으로 연결하면 전극 사이에 발생하는 전압은 각각의 전극 쪽에서 발생하는 전압의 크기를 가산한 값이 된다.

음극 쪽에서 발생하는 수소 가스가 양이온과 전자로 분리하는 상세한 메커니즘은 현재로도 완전하게 해명할 수 있는 단계까지 이르지 못했으나, 백금을 전극 표면에 증착(蒸着)하면 이온화 반응이 촉진된다는 것이 알려져 있다. 이 작용은 백금의 촉매작용으로 해석되고 있다.

최근에는 도시가스를 연료로 하여, 인산을 전해액으로 한 대형 연료 전지가 주목받고 있다. 이것은 도시가스를 연소시켜서 수소를 발생시키고, 이 수소를 공기 중의 산소와 반응시키는 것을 이용한 연료전지다. 이런 종류의 전지는 그 밖에 물리적 반응을 이용한 태양전지가 있는데 이는 9장에서 설명하기로 한다.

5장

직류와 교류

5

직류와 교류

직류의 전압과 전류

전지의 발명으로 전기를 오랜 시간 동안 연속으로 이용할 수 있게 되었는데, 이 전기는 직류였다. 처음 직류란 말은 영어의 'Direct current'를 직역한 것인데, 전류가 한 방향으로 흐르는 현상을 총칭하고 있다. 1800년에 실시한 물의 전기분해 실험도 물론 직류를 사용했다. 이 실험 결과에서 양극(positive), 음극(negative)의 호칭 방법이 제안되었다. 전자가 발견되기 이전에는 전류로서의 실체가 아무것도 알려져 있지 않았으나, 전류는 양의 전하가 양극에서 음극으로 흐르는 현상이라고 정의하도록 제안되었다.

그 후, 이온화 반응에 기초한 전지에 의해 전기를 발생시키는 대신에 전자기유도 작용을 이용하여 전기를 발생시키는 발전기가 발명되어 전지와는 비교할 수 없을 정도의 큰 전류를 연속적으로 끌어낼 수 있게 되었다. 그 결과, 이 전기는 연속적으로 큰 전류를 흐르게 할 필요가 있는 조명이나 동력 분야 등에 응용하게 되었다.

그렇다면 다음에 설명할 전자기유도 작용에 의해 전기를 발생시키려

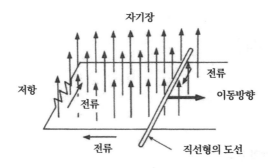

자기장

저항

전류

전류

전류

전류

이동방향

직선형의 도선

그림 5-1 | 직류전류의 발생 구조

면 어떤 구조가 적용될 것인가. 그것을 모델로 사용하여 설명하기로 하자. 〈그림 5-1〉을 보기 바란다. 우선 긴 도선(코일)을 'ㄷ'자 형으로 굽힌 다음, 다른 직선형의 도선을 그 위에 루프(고리) 모양이 되도록 배치한다. 자기장이 루프면의 아래쪽에서 위쪽을 향해 있는 상태로 직선형의 도선을 자기력선(자기장의 방향을 가리키는 선)을 가로지르는 것같이 그림의 화살표 방향으로 이동시키면, 루프 모양의 도선에는 직류전류가 흐른다. 전류는 전압이 존재함으로써 비로소 흐르는 것이므로, 직선형 도선의 양끝에 직류전압이 발생하게 된다.

이 구조에 따르면 직선 도선이 이동하는 속도를 빠르게 하면 흐르는 전류는 커지고, 늦추면 작아진다. 이것은 루프 코일 내를 통과하는 자기력선 수의 시간적 변화에 비례하는 전압이 루프 코일에 발생하는 성질이 있기 때문이다. 이 구조를 사용하여 큰 전압, 즉 큰 전류를 발생시키려면 단시간 내에 많은 자기력선을 변화시켜야만 한다. 그러기 위해서는 루프 코일의 면적을 크게 하든가, 직선형의 도선을 빨리 이동시키는 것으로 자기력선 수를 격렬하게 변화시킬 필요가 있다. 그럼 발전기에서 가장 중요한 전자기유도 작용에 대하여 간단하게 설명하기로 한다.

전자기유도

전류에 의해 자기장을 발생시키는 현상이 외르스테드에 의해 발견되고 나서 11년 후인 1831년에 패러데이는 자기장을 변화시킴으로써 전류가 발생하는 전자기유도 현상을 발견했다. 이것은 전기 분야에서 가장 중요한 발견의 하나이며, 발전기가 발명되는 기초가 되었다. 그는 도선이 자기장을 가로지를 때 발생하는 전류의 크기가 자기장의 시간적 변화에 비례한다는 것을 확인한 것이다.

전자기유도 현상을 이해하기 위해 간단한 모델을 사용하기로 하자. 〈그림 5-2〉가 바로 그것이다.

우선 루프 모양의 도선과 자석을 〈그림 5-2 (a)〉와 같이 배치하고 자석의 N극을 루프면에 수직이 되도록 하여 루프 코일에 접근시키면, 루프선 내를 빠져나가는 자기력선의 수가 증가한다. 이것은 N극에서 발생하는 자기력선이 방사상으로 퍼져 있기 때문이다. 이때 루프 코일에는 이 자기력선이 증가한 분만큼 자기력선을 감소시키려는 방향의 전류가 흐르나,

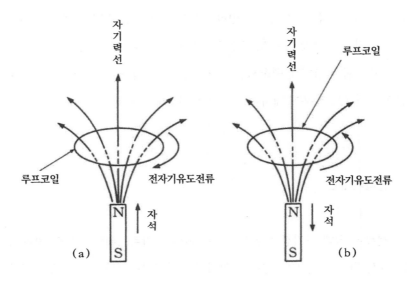

그림 5-2 | 전자기유도 현상:

(a) N극을 루프 코일에 접근시켰을 때 (b) N극을 루프 코일에서 멀리했을 때

N극을 멀리하면 루프 코일을 흐르는 전류는 〈그림 5-2 (b)〉와 같이 〈그림 5-2 (a)〉와는 반대의 방향으로 흐른다. 이것도 자기력선이 감소한 분만큼 자기력선을 보충하는 전류가 흐르기 때문이다. 즉, 자기장이 감소하는 경우와 증가하는 경우에 전류는 서로 역방향으로 흐른다.

자석의 N극을 루프 코일에 접근시키거나 멀리함에 따라 발생하는 전류의 흐름은 자석을 고정시킨 채로 루프 코일을 위아래로 이동시켜 얻는 결과와 똑같다. 이 현상은 후에 설명하게 될 플레밍의 오른손법칙 바로 그것이다.

큰 직류전류를 발생시키는 기능

루프 코일을 자기장 속에서 이동시킴에 따라 발생하는 전압이나 전류는, 루프 코일을 크게 하거나 직선 도선을 빨리 이동시킴으로써 크게 하거나 적게 할 수 있다. 그러나 여기에도 한계가 있다. 이 한계점을 해결하여 큰 전류를 발생시키는 것을 가능하게 한 것이 직류발전기다. 이 발전기는 어떠한 구조로 이루어져 있을까. 발전기에는 직류발전기와 교류발전기가 있다. 최초로 발명된 발전기라는 점과 전압이 발생하는 구조가 이해하기 쉽다는 이유에서 여기에서는 먼저 직류발전기부터 설명하기로 하겠다.

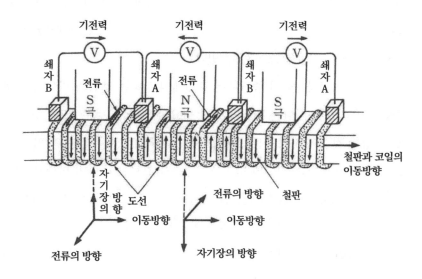

그림 5-3 | 코일을 철판에 감은 직류발전기의 모델

자기장 중에서 하나의 직선 도선을 이동시키는 것으로 발생하는 전압은 그다지 크지 않아도, 몇 개의 도선을 동시에 이동시켜 각 도선에 발생하는 전압을 합치는 식으로 연결하면 큰 전압이 발생할 수 있을지 모른다.

지금 〈그림 5-3〉같이 긴 철판에 도선을 감는다. 이것은 〈그림 5-1〉에 나타낸 루프상의 도선을 다수 직렬로 연결한 것과 같은 구조다. 이 도선의 위쪽에는 N극과 S극의 자극을 약간 떼어 교체로 배치한 다음에 감긴 도선을 철판과 함께 화살표 방향으로 이동하면 각 루프 코일을 통과하는 자기력선의 수는 시간과 함께 변화한다. 그것에 수반하여 각 루프 코일에는 전압이 발생한다. 이때, 철판을 사용한 것은 N극에서 S극으로 향한 자기력선의 다발인 자기력선속(magnetic flux)이 철판의 내부에 모이는 성질이 있기 때문이다. 그 결과로, 도선을 이동했을 때 루프 코일을 가로지르는 자기력선 수의 시간적 변화가 커지고, 철판이 없는 경우보다 루프 코일에 발생하는 전압을 크게 할 수 있다.

그러나 N극과 S극의 중간에서 도선에 발생하는 전압의 방향이 역전하는 부위가 존재한다는 것에 유념할 필요가 있다. 그것은 〈그림 5-2〉에서 설명한 것같이 자기력선이 증가하는 경우와 감소하는 경우에 따라 루프 코일에 발생하는 전압의 방향, 즉 전류가 흐르는 방향이 반대로 되기 때문이다. 그 경계 지점에 전압을 이끌어내는 탄소로 된 쇄자(솔) 모양의 전극을 배치함으로 해서 직류전압을 이끌어낼 수 있다.

그렇다면 어째서 이 경계 지점에서 전압을 이끌어낼 수 있는지 의문을 가지는 독자도 있을지 모른다. 그 점에 대해 설명을 해보자. 쇄자 A는 N

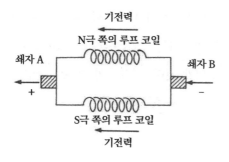

기전력

N극 쪽의 루프 코일

쇄자 A

＋

쇄자 B

－

S극 쪽의 루프 코일

기전력

그림 5-4 | 코일에 발생하는 전압의 방향

극의 자기작용에서 S극의 자기작용으로 변하는 중간 지점에, 그리고 쇄자 B는 S극에서 N극으로 변하는 중간 지점에 배치해 있다. 그 결과, 〈그림 5-3〉같이 쇄자 A에는 양의 전압이, 쇄자 B에는 음의 전압이 발생한다. 자극에서 발생하는 전압의 방향이 그림에 나타나 있다.

여기에서 주목할 점은 양쪽 쇄자와 N극 및 S극 사이에 낀 도선에 발생하는 전압의 방향이다. 쇄자 A와 S극 사이에 발생하는 전압과 쇄자 A와 N극 사이에 발생하는 전압의 방향이 반대인 점이 중요하다. 그 모델을 〈그림 5-4〉로 나타냈다. 이것은 자기장의 변화하는 비율이 N극과 S극에서 서로 반대가 되기 때문이다.

즉 철판을 화살표 방향으로 이동하는 경우 쇄자 A와 자석 S극 사이에서는 자기력선 수가 감소하는 상태로, 쇄자 A와 자석 N극 사이에서는 자기력선 수가 증가하는 상태가 된다. 철판상에 감겨 있는 도선은 같은 방향으로 감겨 있으므로 쇄자 A와 자석 N극 사이에 배치되어 있는 루프 코일(〈그림 5-4〉의 위쪽에 있는 코일)에 발생하는 전압의 방향과, 쇄자 A와 자석 S극 사이에 배치되어 있는 루프 코일(〈그림 5-4〉의 아래쪽에 있는 코일)에 발생하는 전압의 방향은 반대가 된다. 그 결과 쇄자 A와 자석 N극에서 발생하는 전압과, 쇄자 A와 자석 S극에서 발생하는 전압은 같은 극성이 되어, 쇄자 A에는 양쪽이 겹친 전압이 발생하게 된다. 쇄자 B의 경우도 극성이 쇄자 A와 반대일 뿐이며, 전압이 발생하는 구조는 동일하다.

직류발전기 속에서 전하의 움직임

이것으로 발전기가 완성된 것으로 보이겠지만, 〈그림 5-3〉에 나타낸 도선을 감은 철판의 직선운동이 언제까지나 계속될 수는 없다. 그것은 철판의 길이가 무한하고, 직선상으로 무한히 이어지는 자극이나 코일을 만드는 것은 불가능하기 때문이다. 그러므로 실제의 발전기는 도선에 선 끝부분이 없도록 코일로 감겨져 있다. 〈그림 5-5〉는 그러한 모델이다.

그런데 도선에 효율 좋게 전압이 발생하는 부분은 자기장이 가장 크게 변화하는 곳이므로 N극과 S극이 배치되어 있는 근방이 될 것이다. 〈그림 5-5〉를 상세하게 살펴보자. 회전하고 있는 도선 중에서 전압 발생에 기여하고 있는 부분은 극히 좁은 범위다. 그러므로 실제의 직류발전기는 N극과 S극의 대수를 증가시켜 4극이나 6극으로 하여 발전의 효율을 높일 수 있는 구조로 되어 있다.

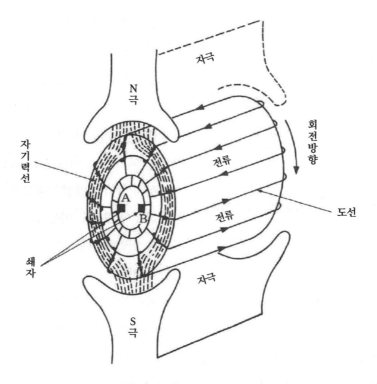

그림 5-5 | 직류발전기의 구조와 전류의 발생

직류모터의 구조

직류발전기가 바로 그대로의 모양으로 직류모터(직류전동기라고도 한다)
로 이용된다고 하면 독자 중에는 놀라는 이도 있을지 모르겠다. 직류모터
는 〈그림 5-1〉 같이 평등한(같은 모양의) 자기장 속에 도선을 배치하고, 이

자기장

전류

운동

그림 5-6 | 플레밍의 오른손 법칙
(오른손에 의한 표시)

도선에 직류전류를 흐르게 하면 자기장과 전류에 각각 직교한 방향으로 힘이 발생하는 것을 이용한 회전기다. 이것과는 달리 발전기는 자기장 속에 도선을 배치하고, 이 도선을 도선 방향과 자기장 방향 각각으로 직교하는 방향으로 이동시키면 도선에 전압이 발생하는 구조를 이용하고 있다.

다시 〈그림 5-5〉를 보기로 하자. 직류발전기의 도선에 직류 전류를 흐르게 하면 자석 밑에 배치되어 있는 도선에는 자기장과 전류에 직교하는 방향으로 힘이 발생한다. 이것이 직류모터의 회전력의 원천이 되는 것이다. 그 메커니즘을 좀 더 알기 쉽게 설명하기로 하자.

먼저의 발전기의 경우에는 도선에 발생하는 전압이 쇄자 A에 양극성의 전압을 발생시키는 것 같은 구조였다. 이번에는 쇄자 A를 양극성, 쇄자 B를 음극성으로 하여 외부에서 전류를 흐르게 하면 어떤 일이 생길까. 〈그림 5-5〉에 나타낸 직류발전기를 직류모터로서 이용하는 경우, 그림의 화살표와는 반대 방향으로 전류가 흐르게 된다. 이 전류와 자석 N극 및 자석 S극의 부위에서는 자기장과 전류에 직교한 방향에 힘이 발생한다. 그 회전력은 〈그림 5-5〉와는 반대인 시계 반대 방향이다. 직류발전기가 바로 직류모터로서 이용될 수 있는 것은 이런 메커니즘 때문이다.

양쪽은 평등한 자기장 속을 도선이 이동했을 때, 자기장의 분포가 변화한 상태를 원래대로 되돌리려고 도선에 전류가 발생하는 현상을 이용한 직류발전기와, 도선에 전류가 흘러서 변화한 자기장 분포를 원래의 상태로 되돌리기 위해 도선이 이동하는 것을 이용한 직류 모터와의 차이다. 양쪽의 구조는 플레밍의 오른손법칙과 왼손법칙의 차이로 설명되고 있다.

플레밍이 생각한 법칙

평등한 자기장 속에서 직선형의 도선을 이동시켰을 때 도선에 전압, 전류가 발생한다고 설명했는데, 영국의 전기공학자인 플레밍(John Ambrose Fleming, 1849~1945)은 자기장의 방향 도선의 운동 방향과 도선에 발생한 전류(전압도 같다)의 방향을 통일적으로 나타내는 방법을 고안했다. 〈그림 5-6〉은 그 모델이다. 이 생각에 따라 오른손의 엄지, 검지, 중지를 각각 직각으로 벌리고 자기장의 방향을 집게손가락, 도선의 운동 방향을 엄지손가락에 대응하게 하면 도선에 흐르는 전류(전압)는 중지 방향이 된다. 이것이 플레밍의 오른손법칙이다. 이 관계를 그대로 〈그림 5-5〉에 적용하면, 직류발전기의 전압 발생 구조는 이전보다 훨씬 명확해지리라 본다.

그런데 플레밍은 모터의 회전운동을 결정하는 자기장의 방향과 전류

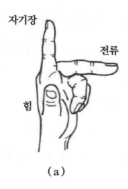

자기장

전류

힘

(a)

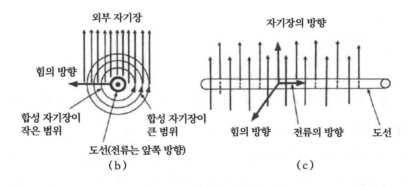

외부 자기장

힘의 방향

합성 자기장이
작은 범위

합성 자기장이
큰 범위

도선(전류는 앞쪽 방향)
(b)

자기장의 방향

힘의 방향   전류의 방향   도선
(c)

그림 5-7 | 플레밍의 왼손법칙:

(a) 왼손에 의한 표시 (b) 도선을 지면에 수직으로 배치했을 때의 자기장, 힘, 전류의 관계 (c) 도선을
수평하게 배치했을 때의 자기장, 힘, 전류의 관계

의 방향 그리고 도선이 회전력을 얻는 방향에 대해서도 모델로 나타내는
데 성공했다.

〈그림 5-7 (a)〉는 그 대표적인 예다. 오른손의 경우와 마찬가지로 왼손
의 엄지, 검지, 중지를 각각 직각으로 벌리고 집게손가락의 방향을 자기

장, 중지의 방향을 전류로 하면 이 전류에 작용하는 힘은 엄지의 방향이 된다. 이것이 플레밍의 왼손법칙이다.

〈그림 5-7 (c)〉는 자기장 속에 배치한 도선에 전류가 흘렀을 때, 전류에 의해 생겨난 자기장에 의해 외부 자기장이 변화했기 때문에 힘이 발생하는 구조를 3차원으로 나타낸 것이다. 〈그림 5-7 (b)〉는 전류가 지면의 앞쪽에서 뒤쪽으로 흐르는 모델이다. 도선의 오른쪽은 외부 자기장과 전류에 의한 자기장이 더해져 전체의 자기장이 강해지고, 왼쪽은 차이에 의해 약해진다. 즉 도선에 전류가 흘렀기 때문에 외부 자기장에 혼란이 생기고 그 혼란을 원상태로 회복하려고 도선이 이동하는 것이다. 이 관계를 이용하면 직류 모터의 회전력이 발생하는 메커니즘도 이해하기 쉬우리라 여겨진다.

그런데 전류, 자기장, 힘이 서로 직교하는 관계는 현상으로는 충분히 이해되고 있으나, 그 각각의 양이 어떻게 서로 직교하고 있는가 하는 본질은 아직 아무도 모른다. 유감스럽게도 이것은 앞으로도 해명할 수 없는 문제의 하나일지도 모른다.

교류의 전압과 전류

교류전류는 직류전류의 흐르는 방향을 단속적(斷續的)으로 교대로 바꾸어 흐르게 하는 것과 같이 생각할 수도 있다. 〈그림 5-1〉을 가지고 설명

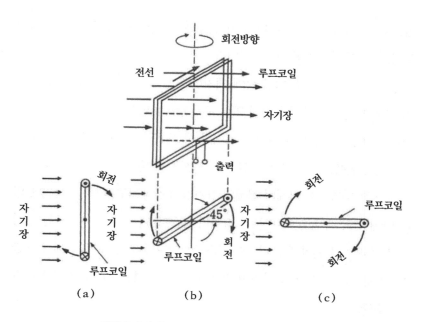

그림 5-8 | 루프 코일의 회전과 교류전압의 발생:

(a) 루프면이 자기장과 직교하는 경우 (b) 루프면이 자기장과 45도인 경우
(c) 루프면이 자기장과 평행인 경우

해 보자. 그림의 직선 도선을 화살표와 반대 방향으로 이동시키면 전류가 흐르는 방향은 그림의 화살표와는 반대의 방향이 된다. 만일 도선을 그림에서 좌우 방향으로 교대로 이동시키면, 도선이 이동하는 방향이 변할 때마다 루프 코일을 흐르는 전류 방향도 변하게 된다. 이와 같이 자기력선 속을 변화시킴으로써 루프 코일에 교류전류를 흐르게 할 수 있다.

또한 〈그림 5-8〉같이 직사각형의 루프 코일을 자기장 속에 배치한 후

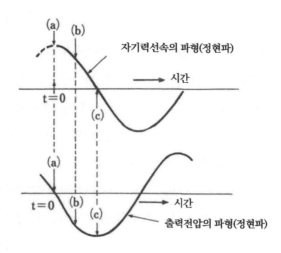

그림 5-9 | 전기력선속의 여현(cos)과 전압의 정현(sin) 파형

이것을 회전시키면, 루프 코일을 가로지르는 자기력선의 수를 변화시킬 수 있다. 이 자기력선 수의 변화에 따라 루프 코일에는 전류가 발생하게 될 것이다.

이때 시간적으로 변화하는 자기력선의 수는 어떻게 될까. 여기서 직사각형의 루프 코일을 통과하는 전체 자기력선 수는 자기력선속이라고 불린다. 〈그림 5-8〉 (a)와 (b) 그리고 (c)는 루프 코일의 회전축이 자기력선의 방향과 항시 직각이 되도록 배치한 모델이다. 〈그림 5-8 (a)〉를 자세히 보기 바란다. 이 경우, 자기장의 방향은 루프면에 직교하고 있어 루프면을 가로지르는 자기력선속은 최대로 되어 있다. 〈그림 5-8 (b)〉의 경우에는 자기장의 방향과 루프면이 45도를 이루고 있으므로 자기력선속은 〈그림 5-8 (a)〉의 경우의 0.702배(=1/√2 배)이다. 또한 〈그림 5-8 (c)〉의 경우에는 루프면이 자기장과 교차하고 있지 않으므로 루프면을 가로지르는 자기력선속은 0이다. 루프 코일이 회전축에 대한 위치와 루프면을 통과하는 자기력선 수 사이의 관계는 〈그림 5-9〉의 위쪽에 나타낸 바와 같이, 시간 t=0을 기점으로 하면 여현(코사인)의 파형이라는 것을 알 수 있다.

그렇다면 〈그림 5-8〉 (a), (b), (c)에 나타낸 각각의 상태에서 루프 코일을 극소하게 회전시키면 자기력선 수의 **변화 비율**은 어떻게 될까. 〈그림 5-8 (a)〉의 상태에서는 루프 코일이 약간만 회전해도 자기력선의 수는 거의 변화하지 않으므로 자기력선의 변화비율은 최소가 된다. 이것에 비해 〈그림 5-8 (c)〉 상태에서는 변화비율이 최대가 된다. 그림 (a)와 (c)의 중간을 상세하게 조사해 보면, 루프 코일에는 정현 파형의 전압이 발생하게 된다. 그러한 상태도 〈그림 5-9〉의 아래쪽에 나타냈다.

큰 교류전류를 발생시키는 구조

앞에서 설명한 바와 같이, 직류발전기의 도선에 발생하는 전압이 회전자의 바깥쪽에 고정된 1조의 N극과 S극의 부위를 통과하는 사이에 전류의 방향이 반전한다. 실은 직류기라 해도 루프 코일이 〈그림 5-5〉같이 배치되어 있는데 〈그림 5-8〉과 같은 구조이므로 회전자 내의 도선에는 교

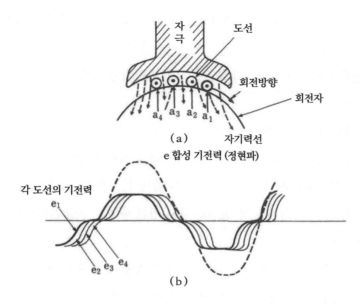

그림 5-10 | 도선의 배치와 교류전압의 발생:

(a) 자극과 도선의 배치 (b) 각각에 발생하는 전압과 합성전압 파형

류전압이 발생하고 있는 셈이다. 도선에 발생한 교류전압이 쇄자에 의해 직류로 변환된 것에 불과하다.

루프 코일이 이동하는 범위 내에서는 자기력선속의 분포가 균일하기만 하면 1조의 루프 코일에 발생하는 전압은 〈그림 5-9〉의 아래쪽 곡선같이 정현파가 된다. 그렇지만 실제의 발전기 내의 자기력선속 분포는 균일하지 않으므로 자기력선속의 시간적 변화도 여현파로는 되지 않는다. 당연한 일이지만, 출력 전압도 정현파로는 되지 않는다. 그러므로 몇 개의 루프 코일을 약간씩 경사지게 회전자에 감아 줌으로써 각 루프 코일에 발생하는 전압을 시간적으로 서로 조금씩 늦출 수 있다면 위상의 편차가 있는 전압을 합쳐 모아서 외부회로에 정현 파형의 전압을 발생시킬 수 있을지도 모른다.

〈그림 5-10〉을 자세히 보기 바란다. 〈그림 5-10 (a)〉는 4종류의 루프 코일 a_1, a_2, a_3, a_4와 자극 혹은 S극 자극과의 배치 관계를 나타낸 것이다. 또한 〈그림 5-10(b)〉는 각 루프 코일에 발생하는 전압 파형 e_1, e_2, e_3, e_4의 전압을 서로 합쳐 모아 점선과 같은 정현 파형의 전압 e가 되는 것을 나타낸다.

그런데 교류전압의 주파수는 회전자의 원둘레에 고정 배치한 N극과 S극의 쌍수와, 1초에 루프 코일이 회전하는 회전수에 의해 정해진다. 예를 들어 1조의 N극과 S극에 대해 루프 코일이 1초에 1회전 하면 1사이클의 교류전압이 발생한다. 50사이클의 전압을 발생시키려면, 루프 코일을 1초에 50회 회전시켜야만 한다. 흔히 사용하고 있는 회전기의 경우, 회전자의 회전수는 1분을 기준으로 표시하게 되어 있으므로 50사이클의 전압은 회전자가 1분에 3000회 회전하는 셈이 된다. 이렇게 해서 생긴 교류전압을 단상교류(單相交流)라고 한다.

3상 교류발전기

단상 교류기의 회전자 주위에 배치된 코일이 전압을 발생시키기 위해서 유효하게 이용되지 않고 있는 것은 직류기의 경우와 마찬가지다. 그 까닭은 주로 자극의 바로 밑에 있는 도선에만 큰 전압이 발생하도록 되어

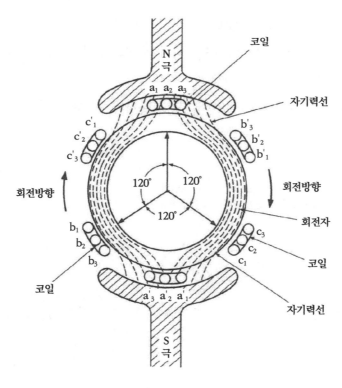

그림 5-11 | 3상 교류발전기의 모델

있기 때문이다.

그러므로 〈그림 5-11〉로 나타낸 3조의 루프 코일을 서로 기하학적으로 120도의 간격을 두고, 또한 회전자를 구성하고 있는 철심에 감아서 배치하면 3조의 코일에는 각각 교류전압이 발생한다. 그리고 3조의 코일의 전압은 서로 120도의 위상차가 생긴다. 즉 3상 교류전압이 발생하게 된 것이다. 1조의 코일(a_1-a_1', a_2-a_2', a_3-a_3', a_4-a_4')은 다른 1조의 코일(b_1-b_1', b_2-b_2', b_3-b_3', b_4-b_4')보다 120도 위상이 앞서고 또 다른 1조의 코일(c_1-c_1', c_2-c_2', c_3-c_3', c_4-c_4')보다 240도 앞서 있는 셈이 된다.

자기장이 위쪽의 N극에서 아래쪽의 S극으로 향하고 있을 때, 코일 a, b, c를 〈그림 5-11〉에 나타낸 화살표 방향대로 회전시키면 코일 a에 유기되는 전압은 〈그림 5-10 (b)〉에 점선으로 나타낸 정현파와 동일한 파형

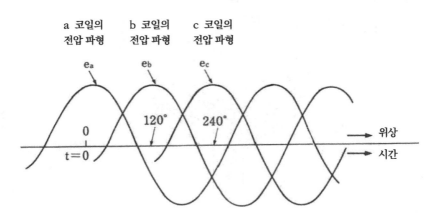

그림 5-12 | 3상 교류전압과 각 코일 간의 위상의 관계

이 생긴다. 또한 코일 b는 코일 a보다 120도 편차진 전압 파형이 생긴다. 그러한 모습을 시간적으로 나타낸 것이 〈그림 5-12〉이다. 그림에서 e_a, e_b, e_c의 전압 파형은 〈그림 5-11〉에 나타낸 코일 a, 코일 b, 코일 c에 의해 발생한 3상의 교류전압이다.

교류모터의 구조

직류발전기가 직류모터로서 사용되고 있는 것과 같이 교류발전기도 그대로 교류모터로 이용될 수 있지 않을까 하고 생각하는 것은 필자 혼자만이 아니라고 생각된다. 물론 그러한 교류모터는 존재하며, 동기전동기라고 한다. 동기전동기는 교류발전기의 주위에 고정되어 있는 코일에 의해 발생하는 자기장의 회전속도와 회전자가 회전하는 속도가 일치하는 것이 특징이다. 회전자기장의 속도와 회전자의 속도가 시간적으로 '동기'(同期: 같은 시기)라는 점에서 동기전동기라고 명명되었다. 그러나 이런 종류의 모터는 별로 많이 쓰이지 않는다.

그 대신에 동기전동기와 다른 기능을 갖는 교류모터가 이용되고 있다. 교류모터의 구조는 어떻게 되어 있을까. 〈그림 5-13〉같이 원형으로 되어 있는 구리의 원반 위에 자석의 N극을 접근시켜 이것을 구리판에 접촉되지 않도록 하고 회전시키면 구리판은 자석에 끌려 회전한다. 이 원리를 이용한 교류모터가 있다. 그 회전 원리를 〈그림 5-13〉으로 설명하기로 하자.

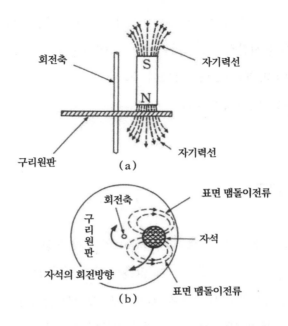

그림 5-13 | 자석의 이동과 구리판이 이동하는 모델:

(a) 구리원판과 자석의 배치도 (b) 유도된 맴돌이전류의 방향

우선, 자석 바로 밑에 있는 구리원판 위의 일부가 〈그림 5-13 (a)〉와 같이 자기력선속을 가로지르면(자기력선속이 시간적으로 변화하는 것) 〈그림 5-13 (b)〉와 같이 구리원판 위에 맴돌이전류가 흐른다. 이 전류는 패러데이가 발견한 전자기유도 작용으로 발생하는 것과 같다. 전류가 발생하는 방향이 〈그림 5-13 (b)〉에서 화살표로 표시되어 있는데, 맴돌이전류는 자석의 바로 밑을 중심으로 좌우가 서로 역방향으로 되어 있다. 이것은 자

석이 회전하는 경우에 자석의 전방에 위치하는 구리판 위에서는 자기력선속 수가 증가하는 데 반해, 자석의 뒤쪽 위치에서는 자기력선속이 감소하고 있기 때문에 생기는 현상이다. 자석이 이동하는 데 따라 자기력선속이 증가하는 부분(자석이 진행하는 방향)에는 증가한 자기력선속을 감소시키려는 맴돌이전류가 흐르는 데 반해, 자기력선속이 감소하는 부분에서는 감소하는 자기력선속분 만큼을 보충하려는 맴돌이전류가 흐른다. 따라서 양쪽의 원전류(圓電流)는 서로 역방향이 된다.

이 전자기유도 작용에 의해 발생한 맴돌이전류와 자석의 자기장에 의해 구리판에 플레밍의 왼손법칙에 따르는 힘이 발생한다. 이 힘에 의해 자석이 이동하는 방향으로 구리판이 이동하게 된다. 여기서 자기장의 방향이 같고 전류의 방향이 반대이면 회전력은 반대가 되나, 자기장이 증가하는 부분과 감소하는 부분에서는 회전력이 같은 방향으로 변화한다. 즉, 자석이 진행하는 전방에서는 자기장이 강해지고 후방에서는 약해진다. 이 원리를 적용하면 동기전동기와 전혀 다른 구조를 지닌 교류모터를 제작할 수 있다. 그 구체적인 예를 들어보자. 지금, 구리판을 동축원통상으로 하여 거기에 이것을 회전자로서 이용하면 전자기유도형 교류모터가 완성된다. 이 경우에 원통상의 구리판 주위에서 자석을 이동시켜야 하는 문제가 남는다. 이 문제는 자석 대신에 자기장을 회전시키는 것으로 해결했다. 〈그림 5-14 (a)〉는 그 모델이다.

그림에 나타낸 것과 같이 회전하는 자기장을 만들려면 3조의 코일을 기하학적으로 120도 편차지게 배치하면 가능하다. 이것은 3상 교류발전

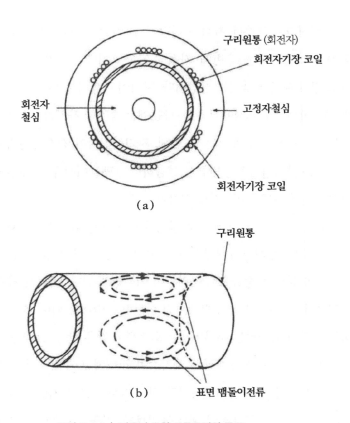

구리원통 (회전자)

회전자기장 코일

회전자
철심

고정자철심

회전자기장 코일

(a)

구리원통

(b) 표면 맴돌이전류

그림 5-14 │ 바구니 모양 교류모터의 구조:

(a) 회전자기장의 코일과 고정자의 배치 (b) 유도된 맴돌이전류

기와는 정반대의 메커니즘이 적용된다. 즉, 각각의 코일에 120도의 위상이 편차진 3상 교류전류를 흐르게 함으로써 고정자의 주위에 시간적으로 회전하는 이동자기장이 형성된다. 거기에 회전하고 있는 자기장의 안쪽

에 구리판의 회전자를 배치하면 전자기유도형 교류모터가 완성된다. 즉 구리판의 표면에는 〈그림 5-14 (b)〉와 같은 맴돌이전류가 흐르고, 이 전류와 회전자기장의 상호작용으로 생긴 힘에 의해 원통상의 구리판이 회전하게 된다.

그런데 3조의 코일에 의해 회전자기장이 형성되었다 하더라도 구리판 전체에 유도전류가 흐르는 것은 아니며 또한 흐르게 할 필요도 없다. 그러므로 전류가 흐른다고 생각되는 부분에만 구리판을 배치하면 된다. 실제로 사용되고 있는 전자기유도형 교류모터는 죽세공에서 짠 바구니의 대살에 해당하는 부분이 금속으로 되어 있고, 이 선에 전류가 흐르는 구조로 되어 있다. 이러한 교류모터는 전자기유도 작용에 의해 회전력이 생기므로 유도전동기, 때로는 바구니형 전동기라고도 한다.

6장

전기저항이란

6

전기저항이란

물체의 형상·재질과 저항

　가느다란 금속 도선의 양끝에 전지를 연결하면 도선에 전류가 흐르는 것은 누구나가 알고 있다. 이때 전지와 도선 사이에 커다란 저항을 집어넣으면 전류는 흐르기 어렵게 되고, 전지에 괴어 있는 전기를 오랜 시간 이용할 수 있게 된다. 그러나 전지와 저항을 연결하는 도선을 가늘게 하면 저항을 제거해도 가는 도선만으로 전류의 흐름을 제한할 수 있다. 이 경우 도선을 흐르는 전류는 도선을 굵게 하면 커지고, 가늘게 하면 작아진다. 이러한 사실로서 도선도 저항을 갖고 있다는 것을 알 수 있다.

　도선의 저항의 크기는 도선에 가한 전압의 크기를 전류의 크기로 나눈 값으로 얻는다. 이 관계는 독일의 과학자 옴에 의해 발견되어 옴의 법칙이라 불린다. 이 법칙은 "저항에 전류가 흘렀을 때, 저항 양끝의 전압은 저항의 크기와 도선을 흐르는 전류 크기의 곱과 같다"고 정의된다.

　그런데 도선의 재료를 바꾸는 것으로도 저항의 크기를 바꿀 수가 있다. 즉, 금속 도선의 저항은 재료의 종류를 바꿔도 또 형상을 바꿔도 변화시킬 수 있다. 따라서 금속 도선의 전기저항이 금속의 종류에 따라 어떻

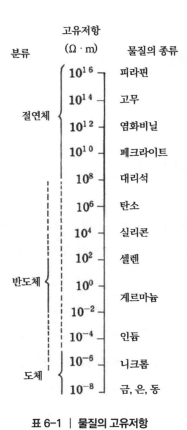

분류	고유저항 ($\Omega \cdot$ m)	물질의 종류
절연체	10^{16}	파라핀
	10^{14}	고무
	10^{12}	염화비닐
	10^{10}	페크라이트
	10^8	대리석
	10^6	탄소
	10^4	실리콘
	10^2	셀렌
반도체	10^0	게르마늄
	10^{-2}	
	10^{-4}	인듐
도체	10^{-6}	니크롬
	10^{-8}	금, 은, 동

표 6-1 | 물질의 고유저항

게 변화하는가는 동일한 형상의 여러 금속재료로 비교해야만 알 수 있다. 금속재료의 저항은 한 변의 길이가 1미터인 입방체로 나타내게 되어 있 다. 이 규칙은 국내는 물론 세계 각국 공통이며, 이 값을 비저항(저항률)이 라 한다. 비저항은 또한 고유저항으로서 표현되는 경우도 있다.

전기저항은 금속뿐 아니라 모든 물질에 대해서도 말할 수 있다. 각종 재료의 종류와 그 고유저항의 관계는 〈표 6-1〉에서 볼 수 있다. 이 표에서 금, 은의 저항이 가장 작고 고무나 염화비닐 같은 절연물이 가장 저항이 크다는 것을 알 수 있다.

금속의 저항

금속 도선이 전기저항을 갖고 있다는 것은 무슨 뜻일까. 물론, 전류의 흐름을 방해하는 작용이라는 것은 확실하지만 좀 더 금속재료의 내부적인 측면에서 생각해 보자. 금속 도선의 경우, 전류의 원천은 전자의 흐름이므로 전자의 흐름을 방해하는 것이 전기저항이기도 하다. 금속의 가는 선을 흐르는 전류는 금속 중에 존재하고 있는 전자의 상태로부터 검토함으로써 비로소 이해할 수가 있다.

무릇 금속은 주로 주기율표에 나타난 1족, 2족, 3족의 원자가 결합하여 이루어진 결정체다. 여기에서 금속을 결정체라고 한 것은 금속 원자가 규칙적으로 배열하여 결합하는 성질을 갖고 있기 때문이다. 이에 관해서는 11장에서 설명한 대로 전자현미경으로도 확인되고 있다. 이 경우, 금속을 구성하고 있는 각 원자에 소속된 전자는 서로 손을 마주 잡고 결합하고 있는 것이다. 이러한 금속 원자를 결합하는 작용을 하고 있는 전자는 서로 구별할 수 없으므로, 모든 금속원자와 결합하고 있는 셈이 된다.

따라서 금속원자의 결합을 담당하고 있는 전자는 금속 내를 자유롭게 이동할 수 있으므로 자유전자라고 불린다.

여기서 금속 내의 자유전자의 수는 금속을 구성하고 있는 원자의 수보다 많다는 데 주목할 필요가 있다. 이 자유전자가 금속 내를 이동하면 많은 금속 원자와 부딪치게 된다. 이 경우 약한 힘이라도 서로 작용하게 된다. 이것이 전자의 흐름을 제한하는 저항인 것이다.

금속 내의 전자

자유전자가 금속 원자와 부딪치면 왜 저항이 발생할까. 이 저항 현상이 생기는 메커니즘을 잘 이해하기 위해서는 원자의 구조부터 검토하는 것이 더 빠를 것이다.

〈그림 6-1〉은 금속 원자가 단독으로 존재하는 원자의 모델이다. 원자의 중심에 원자핵이 있고, 그 내부에 양의 전하를 띤 양성자가 존재하고 있다. 그 원자핵의 외부에 몇 개의 원이 나타나 있는데, 이것은 금속 원자에 소속된 전자가 양성자의 주변을 안정하게 회전할 수 있는 독립된 궤도다. n=1은 전자가 양성자의 가장 가까운 곳에 존재하는 것을 나타내는 궤도이고, 원자의 중심에 존재하는 양성자와 쿨롱의 힘으로 강하게 연결되어 있다. 그 바깥쪽에 n=2의 궤도가 있다. 또한 n=3으로 나타낸 원은 전자가 존재할 수 있는 가장 바깥쪽의 궤도다.

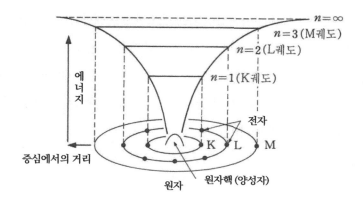

그림 6-1 | 금속원자의 구조와 궤도전자의 에너지

이러한 궤도를 에너지준위라고 하며, 각각의 궤도에는 안정하게 존재할 수 있는 제한된 전자 수가 있다. 또한 각 궤도에는 특별한 명칭이 붙어 있다. 예를 들어, n=1의 궤도는 K, n=2의 궤도는 L, 그리고 n=3의 궤도는 M이다. 그리고 n=1의 K 궤도에는 2개, n=2의 L 궤도에는 8개, n=3의 M 궤도에는 18개의 전자가 존재할 수 있다.

그리고 이러한 궤도에 존재할 수 있는 전자의 총수는 원자번호와 일치한다. 원자번호 1인 수소는 K 궤도에 전자가 1개, 원자번호 6인 탄소는 K 궤도에 2개, L 궤도에 8개 그리고 M 궤도에 4개로 합계 14개 존재한다.

탄소가 4개의 원자라고 일컬어지는 것은 제일 바깥쪽 궤도인 M 궤도에 전자가 4개 존재하고 있는데 연유한다. 이 전자는 다른 원자와 결합할 때의 결합수(結合手)로써 작용하기 때문에 원자가전자라고 한다.

만일, 전자의 수가 많아져 n=4의 N 궤도까지 존재한다면 이 궤도에는 32개의 전자가 존재하게 된다. 원자 속에 존재하는 전자의 수와 그 중심에 존재하는 양성자의 수가 같으므로 원자는 전기적으로 중성이다. 원소에 따라서는 n=6의 P 궤도까지 전자가 안정하게 존재하는 경우도 있다. 우라늄이 그 대표적인 예다.

전자는 양성자로 끌어들일 수 없는가

그런데 이들 전자는 원자의 중심에 존재하는 양성자와 쿨롱의 힘으로 서로 끌어당기고 있는데 왜 양성자에 끌려 들어가지 않을까. 이것은 전자가 양성자의 주위를 원운동하고 있는 것과 관계하고 있다. 양성자는 질량이 전자의 1,800배나 크므로 원자의 중심에 존재하는 것은 당연한 일이다. 이 양성자의 주위를 원운동하고 있는 전자에는 원심력이 발생한다. 이 원심력과 쿨롱의 힘이 균형을 이루므로 전자는 정해진 궤도에 안정하게 존재할 수 있게 되는 것이다.

그러나 금속 원자의 경우 가장 바깥쪽의 궤도에 존재하는 전자의 수가 적고 1개나 2개인 경우가 많다. K 궤도의 전자나 L 궤도의 전자가 양성자와 강하게 결합하여 양성자를 둘러싸고 있으므로, 중심에서 멀리 떨어진 M 궤도의 전자는 중심의 양성자와는 약한 힘으로만 결합할 수밖에 없다. 다시 한번 〈그림 6-1〉을 보기로 하자. 그림의 위쪽에 있는 에너지준위의

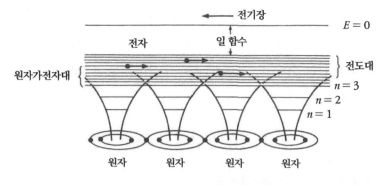

그림 6-2 | 금속 원자의 결합과 전도대 및 원자가전자대

표시는 n=1~n=∞의 궤도에 존재하는 각각의 전자가 중심의 양성자와 결합하고 있는 정도를 나타내고 있다. 에너지준위가 높을수록 양성자와의 결합력은 약해진다. 예를 들면 n=1인 궤도의 전자는 양성자와 가장 강하게 결합되어 있는 데 반해 n=∞궤도의 전자는 양성자와의 결합력이 없어지는 한계다. 즉 전자가 자유전자로 되는 에너지준위다. 그 결과 2개의 금속 원자가 접근하면 가장 바깥쪽의 궤도에 존재하는 전자는 서로 손을 맞잡고 결합하고자 하는 성질이 나타난다.

이 경우에 금속이 결정구조를 이루는 것은 다수의 금속 원자가 규칙적으로 결합함으로써 적은 에너지로 안정한 상태가 되기 때문이다. 에너지가 적으면 왜 안정하게 되는가 하는 것은 앞에서 설명했듯이 자연의 섭리이며, 에너지 최소의 원리라 불린다. 여기서 원리란 경계조건(境界條件)이 없는 법칙이라는 데 유념하기 바란다.

결합하고 있는 금속원자로서 n=3의 궤도에 해당한 에너지 상태를 나타낸 것이 〈그림 6-2〉이다. 각각의 금속 원자에 소속되었던 궤도의 전자는 서로 구별할 수가 없으므로 금속을 구성하고 있는 모든 금속 원자에 소속하게 된다.

전자가 금속 내로 이동하는 곳

1개의 전자에는 1개의 에너지 상태만이 존재할 수 있다. 이것은 파울리가 제안하여 파울리의 원리로서 알려져 있다.

이 규칙은 금속 원자가 결합했어도 마찬가지다. 이 규칙에 따르면 금속을 구성하고 있는 많은 원자가전자는 존재가 허용되는 에너지의 폭이 금속 원자가 1개일 때보다 넓어진다. 이 에너지의 폭은 전도대(傳導帶)와 원자가전자대로서 구성되어 있다. 전도대는 금속 결합된 전자가 금속 내를 자유롭게 이동할 수 있는 에너지 상태이며, 원자가전자대는 금속 결합에 관여하고는 있으나 어떤 특정한 원자에 강하게 결합하여 금속 내를 자유롭게 이동할 수 없는 에너지 상태를 총칭한다.

그러나 원자가전자대는 전자도, 전도대의 자유전자도 서로 구별할 수 없으므로 양쪽이 혼재하고 있다고도 볼 수 있다. 각각의 전자가 금속 내에서 수행하는 역할을 확률로 나타내는 관습이 있으므로, 〈그림 6-2〉같이 에너지의 높은 부분이 자유전자가 존재하는 전도대 그리고 에너지의 낮은 데가 원자가전자가 존재하는 원자가전자대로 나타난다.

자유전자는 전도대를 자유로이 이동한다고 했으나, 이동하는 과정에서 금속 원자와 상호작용을 한다. 이것이 전기저항이다. 그렇다면 그 작용은 어떠한가.

금속의 온도와 전기저항

금속이 어떤 온도에 이르렀다고 하자. 그러면 금속 내의 원자는 그 온도로 항상 진동한다. 이것은 공기를 데우면 기체 분자가 심하게 운동하는 것과 같이 고체의 경우에도 그 물질이 열을 받으면 물질을 구성하고 있는 분자가 진동하는 것이다. 온도가 높은 금속 가운데로 자유전자가 전기장을 따라 이동할 때 전도대를 자유로이 이동한다 해도 열진동을 하고 있는 금속 원자와 부딪치게 된다. 이 열진동이 극히 미세하다 해도 전도대에 약간의 비뚤어진 부분이 생겨 전자의 이동에 제동을 가하는 것은 당연한 일일지도 모른다.

금속선의 온도가 상승하면 전기저항이 커진다는 것은 앞에서의 설명으로 이해했으리라 본다. 금속 원자의 열진동이 활발해지고, 원자와 원자의 거리가 부분적으로 넓어지고, 자유전자가 인접 원자로 이동하기 어렵게 되기 때문이다.

이 현상은 〈그림 6-3〉같이 자유전자에 대해서 배리어(barrier)라고 불

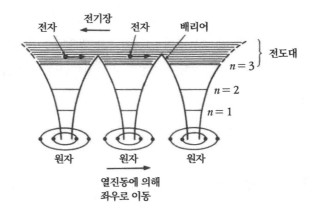

전자　전기장　전자　배리어

전도대

$n = 3$
$n = 2$
$n = 1$

원자　원자　원자

열진동에 의해
좌우로 이동

그림 6-3 | 열진동에 의한 전도대의 흔들리기(장벽)

리는 장벽으로 표현된다. 배리어의 높이는 자유전자가 인접원자로 이동
하기 어려운 정도를 나타내고 있다. 자유전자가 금속 내를 이동할 때는
열진동에 대응한 배리어를 넘기 위해 여분의 에너지가 필요하게 된다. 즉
배리어에 해당한 에너지분 만큼 전자가 제동을 받은 셈이 되며, 결과적으
로 전기저항이 증대하게 된다.

　금속의 전기저항을 설명하는 데 포논 입자를 사용할 때도 있다. 포논은
금속의 결정 격자점에 존재하며, 외부에서 금속에 공급한 에너지를 금속
원자에 전하거나 금속 원자가 갖고 있는 에너지를 외부로 방출하기도 하는
중개 역할을 하는 입자다. 이 기능에 따르면 전도대로 이동하고 있는 전자
가 금속 원자와 충돌했을 때 자유전자가 갖고 있는 에너지는 포논 입자에
전해지고 포논은 이 에너지를 금속 원자에 공급한다. 자유전자는 이 에너

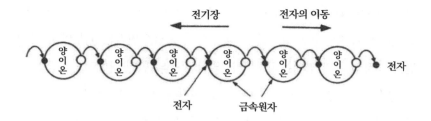

그림 6-4 | 초전도체와 전자의 이동

지분 만큼 에너지를 상실하고 이동속도가 감소하게 된다. 전자가 이동하는 속도가 감소한 것은 결국은 전기저항이 증가한 셈이 된다.

초전도체

금속의 온도를 상승시키면 저항이 커진다고 했으나, 반대로 금속의 온도를 낮추면 원자의 열진동이 작아지고 전기저항이 작아질 것인가. 이제까지의 연구로, 절대영도 가까이 되면 전기저항은 급격히 감소하고 0으로 되는 것이 밝혀졌다. 이 상태에서는 열진동의 효과가 소멸하는데, 이를 초전도(超電導)라고 부른다. 초전도현상이 어떠한 메커니즘에 의해 생기는지는 명확하지 않으나 다음과 같이 생각되고 있다. 〈그림 6-4〉는 그 모델이다.

여기에서, 금속 내의 전자 1개가 전기장에 의해 1개의 금속 원자에서 그 곁의 금속원자로 끌어당겨졌다고 하자. 전자가 빠진 원자는 양의 전하를 띤 양이온이 된다. 양이온의 성질을 갖는 금속원자는 외부에서 가해진 전기장의 힘과 양이온의 전자에 의한 쿨롱의 힘이 더해져, 그 곁의 금속 원자에서 전자를 끌어당긴다. 새로 생긴 곁의 양이온은 다시 그 곁의 금속 원자에서 전자를 끌어당기는 작용을 한다. 이와 같이 전자의 이동, 양이온의 발생, 전자의 이동, 양이온의 발생이 일어나 계속적으로 전자를 끌어당기면서 전기장을 따라 전자는 이동하게 된다. 이러한 것은 처음으로 이동한 전자가 그 곁의 금속 원자에 소속한 전자를 끌어들였다고도 생각할 수 있다. 이처럼 전자가 에너지의 손실 없이 곁의 전자를 끌어들이면서 이동하는 메커니즘이 초전도 상태다.

이 메커니즘은 쿠퍼쌍(Cooper Pair)이라고 불리고 있다. 이 명칭은 초전도 현상의 설명에 성공한 쿠퍼(Leon Neil Cooper, 1930~)의 업적을 기리면서 명명되었다. 이 상태에서는 전자가 이동하는 데 제동 작용을 일으키는 현상이 없어지므로 전기저항은 0으로 된다. 이때 초전도 상태는 실현된 것이다.

합금의 저항

그렇다면 금속 내에 그것을 구속하고 있는 금속 원자와 다른 종류의 불순물 원자를 혼입해도, 온도를 낮추면 초전도 상태를 이루게 할 수 있을까.

이 경우에는 금속이 가령 절대영도가 되었다고 하더라도 전기저항이 0이 되지 않음이 실험적으로 확인되어 있다. 그것은 자유전자가 이동하는 길인 전도대에 불순물 원자에 의해 배리어가 생긴 것과 같은 상태로 되기 때문이다. 이것은 불순물 원자의 최외각전자의 에너지 상태가 결정을 구성하고 있는 금속 원자의 최외각전자의 에너지 상태와 다르기 때문에 생기는 현상이다. 에너지 상태에 관한 더욱 상세한 내용은 9장의 반도체에서 설명하기로 한다.

온도가 절대영도($-273.15℃$) 가까이가 되면 열 진동에 의한 장벽은 소멸하나 불순물 원자에 의한 배리어는 온도가 낮아져도 작아지지 않는다. 합금의 저항이 절대영도가 되어도 0으로 되지 않는 것은 그 때문이다. 물론, 합금의 경우에도 금속원소의 선택이나 결합 방법에 따라 높은 온도에서도 초전도 상태를 만들 수 있다. 최근에 이러한 합금이 발견되어 고온 초전도 재료로서 주목받고 있다.

액체의 저항

금속의 저항은 결정구조부터 조사하면 알기 쉽다는 것을 알았다. 그런데 액체나 기체의 저항은 어떻게 되어 있을까. 금속 내를 전자가 이동하는 경우와 같이, 전자는 액체 속에서도 자유로이 이동할 수 있는 것일까.

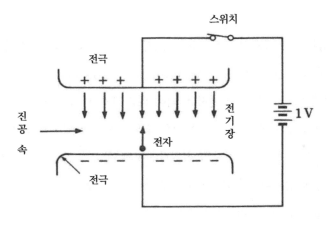

스위치

전극

+ + + + + +

진공 속 →

전기장

1 V

전자

전극

그림 6-5 | 평판전극과 전자의 이동

　액체 속에서는 분자가 금속처럼 규칙적으로 결합해 있지 않으므로, 전자가 전도대를 이동하는 것과 같은 메커니즘을 생각하는 것은 힘들다. 물론 액체의 저항도 금속의 저항처럼 전하의 흐름을 방해하는 것이므로 전하가 이동하는 원리로서 검토하면 좋을 것이다. 2장에서 설명한 대로 전하에는 전자, 이온, 홀의 3종류가 있다. 그러므로 각각의 전하에 대하여 그 이동 메커니즘을 알아보기로 한다.

　먼저 전자가 액체 속을 이동하는 경우를 생각해 보자. 그러기 위해서는 전자가 액체 속에서 발생하는 메커니즘부터 생각해야 한다. 전자가 발생하는 가장 간단한 메커니즘은 액체 속에 배치된 전극의 표면에서 전자를 주입하는 것이다. 전자가 금속 표면에서 자유공간으로 탈출할 때는 에너지가 필요하다. 당연한 처사지만 전자가 금속 표면에서 액체 속으로 탈출할 때도 에너지가 필요하다.

그런데 전자가 금속 표면에서 액체 속으로 주입되는 경우에는 금속 표면에서 방출된 전자가 액체 분자에 끌어당겨지는 것이 된다. 액체 분자에 끌어당겨진 에너지분 만큼 자유 공간으로 탈출하는 경우보다 작은 에너지로서 충분하게 되는 것이다. 즉 전자가 금속에서 자유공간으로 탈출하는 경우에는 2~3전자볼트 전후의 에너지가 필요하나, 액체 속으로 탈출하는 데는 그 이하의 에너지로 충분하다. 많은 실험 결과에 의하면 액체의 종류에 따라 다르기는 하나, 그 에너지 차는 0.1전자볼트 정도다.

전자볼트

갑자기 전자볼트라는 단위가 튀어나와 당황하는 독자도 있을 것이다. 그러므로 전자볼트의 단위에 대해서 간단히 언급하기로 하자. 진공 속에 2개의 평행 평판상의 전극을 마주 놓은 구조를 사용하여 전자볼트의 단위를 설명하기로 한다. 〈그림 6-5〉를 보자.

2개의 전극 간에 1볼트의 전압을 가했을 때, 음극의 표면에 존재하고 있던 자유전자가 전기장에 의해 힘을 받아 양극으로 향한다고 하자. 이 자유전자가 양극에 도달했을 때 전자가 갖는 운동에너지는 전기장에서 얻은 에너지의 크기와 같다. 여기에서 전자가 얻는 에너지는 전자에 작용하는 힘과 전자가 흐른 거리의 곱에서 구한다. 전자에 작용하는 힘은 전기장과 전자의 전하량의 곱과 같으므로 전자의 에너지는 전기장과 전하량, 그것을 달린 거리의 곱이 된다. 전기장과 전자가 흐른 거리는 전압이 되므로, 최종적으로 전자 에너지는 전하량과 전압의 곱으로 나타낼 수 있다. 즉 전자 에너지가 흐른 거리에는 관계가 없는 것이다. 전압의 크기가 1볼트일 때 전자의 에너지는 1전자볼트가 된다. 바꾸어 말하면, 전압이 1볼트일 때 전자 하나가 얻는 에너지를 1전자볼트라고 정의하고 있는 것이다.

1전자볼트라고 해도 전극 간의 거리가 1센티미터이면 양극에 도달했을 때의 전자에 1전자볼트의 에너지를 부여하기 위하여 가해지는 전기장은 그리 크지 않다. 그러나 전극 간의 거리가 원자 간이나 분자 간의 거리 같이 적어도 10^{-6}센티미터 정도가 되면 1전자볼트라는 에너지양을 전자에 주는 전기장은 대단히 큰 값이 된다. 그 이유는 전자에 작용하는 힘은 전기장의 크기와 전자의 전하량의 곱으로 주어지기 때문이다. 10^{-6}센티미터의 전극 간에 1볼트의 전압을 가하면 전극간의 전기장은 100만 볼트/센티미터가 된다. 만일 질량 9.1×10^{-31}킬로그램의 전자가 1전자볼트의 운동에너지를 갖고 있다고 한다면, 그 전자는 진공 속과 같은 자유공간에서 1초 동안에 도쿄에서 오사카까지 달릴 수가 있다.

액체 속에서는 이온이 주역이다

그런데 액체를 구성하고 있는 분자와 분자의 거리는 1센티미터의

100만분의 1 이하이므로 액체 속에 진입한 전자는 다수의 액체 분자와 충돌하게 된다. 따라서 전자가 금속 전극(음극)에서 액체 속으로 탈출했다 하더라도 그 전자는 난잡하게 분포하고 있는 액체 분자와 충돌하여 갖고 있는 모든 에너지를 액체 분자에게 빼앗기고, 결국에는 중성의 액체 분자에 이끌려 음이온으로 변하고 만다. 또한 액체 속에 양이온이 존재하고 있으면 전자는 양이온에 이끌려 소멸하고 만다.

따라서 전자는 액체 속을 자유로이 움직이기가 어렵다. 결론적으로 말하면, 전자는 액체 속을 자유롭게 움직일 수 없다. 이것이 옳다면 전류가 액체 속을 흘렀다는 것은 양이온과 음이온이 이동한 것이라고밖에 생각할 수가 없다.

그렇다면 이온이 액체 속을 이동하는 메커니즘은 도대체 어떻게 되어 있을까. 양이온은 전기장에 따라 양극에서 음극으로 이동하는 데 반해, 음이온은 음극에서 양극으로 이동한다. 이 경우에 양이온이나 음이온은 어떻게 액체 속에서 발생하게 되는 것일까.

액체의 점성과 전기저항

식염과 같이 양극성의 나트륨이온과 음극성의 염소이온이 결합한 물질을 물속에 넣으면 전기장을 가하지 않아도 양이온과 음이온이 되는 성질이 있다. 그러므로 외부에서 약한 전기장이 가해지는 것만으로도 염은 분해하여 다량의 양이온과 음이온으로 된다. 양이온은 전기장의 방향으로, 음이온은 전기장과는 반대의 방향으로 흐른다.

이와 같이 약한 전기장에서도 전기가 흐르는 액체를 전해액이라고 부른다. 전류가 흐르기 쉽다는 뜻은 식염수의 저항이 적다는 말이다. 이와는 반대로, 순수한 물과 같은 절연물 액체의 경우에는 액체 속에 배치된 전극 간에 전압을 가했다 하더라도 전기장이 작으면 전류는 거의 흐르지 않는다. 이것은 물의 저항이 매우 크다는 것을 뜻한다.

그런데 양이온과 음이온의 질량은 전자의 2,000배나 크고 때로는 1만 배도 된다. 따라서 이온이 액체 속을 이동할 때는 중성의 액체 분자와 충돌하는 기회가 많아져 제동을 받는다. 충돌하면서 이동한다는 표현보다, 인간이 물속을 헤엄치는 것과 같이 액체 분자를 헤치면서 이동한다고 생각하면 이해하기 쉽다. 인간이 물속을 빨리 헤엄칠 때, 물의 저항 때문에 속도를 높일 수 없는 것같이 이온이 받는 제동력도 속도와 더불어 커지며, 결과적으로 저항이 커진다. 이 제동 작용은 액체의 점성에 의해 설명된다. 이 경우에 양이온을 전기장의 방향으로 이동시키는 힘은 전기장의 크기와 이온이 갖고 있는 전하량의 곱으로 정해진다.

이온의 전기전도도와 저항

이것과는 반대로 이온의 흐름을 저지하는 저항은 이온의 단면적과 속도에 비례한다. 여기서 단면적이란 구형의 물질을 중심점을 통과하는 면으로 절단했을 때의 넓이를 말한다. 이렇게 해서 발생하는 저항이 액체의 전기저항이 된다.

액체의 저항도 역시 전극 간에 가해진 전압의 크기를 흘러간 전류의 크기로 나눔으로써 얻을 수 있으나, 전하가 이동하는 부분이 정해져 있지 않으므로 금속 저항과 같이 정의하기는 어렵다. 그러므로 전류의 흐르기 쉬운 정도를 나타내는 양인 전기전도도(電氣傳導度)가 이용되고 있다. 이 전기전도도의 역수가 전기저항률의 크기에 해당된다.

여기서 전기의 흐르기 쉬운 정도를 나타내는 전기전도도에 대해 간단히 언급하기로 하자. 전류의 크기가 전기전도도와 전기장의 곱으로 정의되므로, 전기전도도는 전류의 크기를 전기장의 크기로 나누어서 구할 수 있다. 그 결과 전기장과 전류의 비를 취하면 액체의 전기저항률을 구할 수 있다.

전자는 액체 속을 흐를 수 있는가

이제까지 전자는 액체 속을 흐를 수 없다고 했는데 정말 전자는 흐르지 않는지 의문을 갖고 있는 독자도 있을지 모르겠다. 실은 전자가 매우 큰 에너지를 갖게 되면 양이온이나 중성의 분자에 끌려 들어가지 않는다. 이때 비로소 전자는 액체 속에서도 다소의 저항은 있다 하더라도 자유로

이 이동할 수 있게 된다.

그렇다면 액체 속의 전자에 큰 힘을 주려면 어떤 방법을 써야 할까. 바늘같이 앞쪽이 뾰족한 2개의 전극을 액체 속에 마주 놓은 후 전극 간에 큰 전압을 가하면, 높은 에너지를 갖는 전자가 바늘 모양으로 되어 있는 음극의 앞쪽에서 액체 속으로 주입된다. 이 전자는 양극으로 향하는 도중에 액체 분자와 충돌하지만, 갖고 있는 에너지가 크므로 양이온이나 중성의 액체 분자를 제쳐놓고 양극을 향해 이동할 수가 있다. 이런 조건은 전극 간의 거리가 작은 경우에 충족되는 일이 많다. 이때 흐르는 전류는 전자전도라고 불리며, 실험적으로도 확인되어 있다. 따라서 액체 속을 흐르는 전류는 전자인 경우도 있고, 이온인 경우도 있다.

그러면 양쪽을 어떻게 구별할 수 있을까. 이 현상은 엄밀히 다루자면 전문가에게 있어서도 어려운 문제다. 그러나 다음 절에서 설명하는 바와 같이, 전자의 이동속도와 이온의 이동속도가 같은 전기장 하에서 크게 다르다는 점에서 양쪽을 식별할 수가 있다.

전자의 이동속도로 저항이 결정되는가

이렇게 해서 양이온, 음이온만이 아니라 전자도 액체 속을 이동한다는 것을 알게 되었다. 전자가 액체 속을 자유로이 이동할 수 있게 되니, 그 속도에 의해 전자전류의 크기를 구할 수 있게 되었다. 이 현상은 전극 간에 가해지는 전압이 클 때 생기지만 전류가 흐르는 경로가 확실치 않으므로, 전류의 크기와 전압을 측정하는 것만으로는 액체의 전기저항이 큰지 작은지 알 수 없다. 전자는 질량이 이온의 질량보다 적어도 1,800분의 1보다 작은 데 반해 전하량은 이온과 같으므로 전자는 이온보다 액체 속을 이동하기 쉬운 것만은 분명하다. 즉 전자에 대한 저항이 이온의 경우보다 작아지는 경향이 있다. 그러나 이러한 표현은 어쩐지 추상적이어서 이해하기 어렵다.

그러므로 전자나 이온이 액체 속을 이동하는 성질을 나타내는 독특한 양으로서 이동도(移動度)가 사용된다. 전하가 액체 속을 이동할 때 전기장의 크기에 좌우되므로, 이동하는 속도의 크기에서 전기장의 효과를 제거한 양이 이동도다. 그 양을 다음에 나타내기로 하자. 전하의 이동하는 속도가 다음 식같이 전기장의 크기와 전자의 이동도의 곱으로 주어지므로,

전하의 이동속도=(전자의 이동도)×(전기장의 크기)

전자의 이동속도와 전기장의 비를 구하면, 전기장의 크기에 관계하지 않는 이동도를 유도할 수 있다.

실험 결과에 의하면 액체 속 전자의 이동도는 이온의 이동도보다 100만 배 이상 크다. 이런 사실로서도 전류의 흐름에 대한 저항이 이온의 저항보다 100만분의 1 이하가 되는 것으로 결론지을 수 있다. 물론 그대로이나, 저항의 정의에 의하면 전류가 흐르는 단면적이 적을수록 저항이 커

지므로, 전자의 흐르는 범위가 작아지면 외견상의 저항은 커진다. 따라서 이동도가 크다고 하여 액체의 저항이 일률적으로 작아진다고는 할 수 없으므로 유념할 필요가 있다.

액체 속에 홀이 존재하는가

이상으로 액체의 저항을 전기전도도라든가 이동도의 양으로 유도할 수 있는 것이 분명해졌다. 마지막으로 남은 문제는 전하의 일종인 홀이 액체 속을 흐르는 원리다. 이것은 매우 어려운 문제로서, 이제까지는 액체 속에 홀이 존재하지 않는다고 생각되어 왔다. 그러나 최근의 계측 기술의 진보에 의해 홀의 흐름이 실험으로도 가까스로 확인되기에 이르렀다.

기체의 저항

금속결정체나 액체의 저항에 대해서는 어느 정도 이해되었으나 기체의 저항에 대해서는 잘 납득이 되지 않는 독자가 많을지도 모르겠다. 그것은 철탑선을 비롯하여 높은 전압으로 전기를 보내고 있는 송전선이 모두 겉에 아무것도 싸지 않은 나선(裸線)인 동시에 송전선의 밑을 걸어도 감전 염려를 할 만한 사건이 일어나지 않기 때문이다. 이것은 공기의 저항이 무한대이며 전류가 흐르지 않는 것으로 생각되고 있기 때문이다.

그러나 이제까지의 이야기를 종합하면 공기 중에는 분자 간의 거리가 액체나 고체보다 훨씬 크므로 공기 중에 전자가 존재한다고 하면 전자는 기체분자와 충돌하는 일 없이도 달리는 거리가 커지고, 큰 운동에너지를 갖게 된다. 즉 기체 중에서는 전자는 달리기 쉬운 것이다. 전자가 달리기 쉽다는 것은 전류가 흐르기 쉽다는 뜻이며 동시에 저항이 적어진다는 뜻이기도 하다. 이러한 것은 앞에서 말한 송전선이 나선의 형태로 사용되고 있다는 것과는 모순된다.

이러한 문제도 전자와 이온의 흐름에 대해 검토함으로써 밝혀질 수 있을지 모른다. 이러한 것을 생각하기에 앞서 기체의 경우에는 분자와 분자의 간격이 크므로, 우선 홀의 존재는 생각할 수 없다는 것을 말해 둔다. 즉, 기체 중에는 홀 전류는 존재하지 않는다.

공기 중의 이온 발생과 전기저항

기체 속으로 전기가 흐르는 경우, 전류가 흐르는 범위를 한정하는 일은 액체의 경우보다 더욱 어렵다. 따라서 기체의 전기저항을 정의하는 것은 매우 곤란하다. 전자에 대한 전기저항이 이온에 대한 저항보다 작다는 것은 액체의 경우도 마찬가지이지만 전자가 자유공간에 존재하기 위해서는 큰 에너지가 필요하다는 데 주목해야 한다. 그 까닭은 전자의 에너지가 작으면 기체분자는 포착되고 말기 때문이다. 이러한 사실은 공기 중에 존재하는 전자는 분자와 부딪치는 기회가 적으므로 분자에 포착되지 않는다는 말과 모순된다.

실은 분자는 매우 작으므로 그 존재를 사람의 눈으로 직접 확인할 수 없다는 것뿐이다. 그러므로 전자는 분자와 부딪치기 어렵다고 간단하게 결론지어 버리는 것이다. 1기압(대기압)의 공기 중에는 1cm^3의 공간에 약 10^{19}개의 기체분자가 존재하고 있다. 따라서 전자는 100만분의 1cm 달릴 때마다 기체분자와 부딪치게 되며, 만일 전자가 갖고 있는 에너지가 작은 경우에는 기체분자와 충돌하면 즉시 기체분자에 포착되고 만다. 따라서 자유전자로서 기체 속에 존재하는 것은 어렵다.

이제까지의 이야기로 전기장이 작으면 자유전자가 존재하지 않는다는 것은 알았으나, 기체 속에 양이온과 음이온이 존재할 것인가 하는 의문이 생긴다. 원래 전자는 원자나 분자의 내부에 존재하고 있으므로 자유공간으로 튕겨 나오기 위해서는 원자·분자의 전리 에너지 이상의 에너지를 갖고 있어야 한다.

여기에서 전리 에너지란 단독으로 존재하고 있는 원자나 분자의 최외각전자가 자유공간으로 튕겨나갈 때 필요한 에너지를 말한다. 공기 분자의 전리 에너지는 전자가 금속에서 자유공간으로 튕겨나갈 때 필요한 에너지보다 크며 16전자볼트 전후다. 가령 전자가 이 에너지의 언덕을 뛰어넘어 공기 중으로 튕겨나갔다 하더라도, 그 후의 전자가 갖고 있는 에너지가 작으면 기체분자에 부착하여 음이온이 되거나 양이온과 결합하여 소멸되고 만다.

이러한 사실로서, 전기장이 작은 기체 속에는 양이온과 음이온만이 존재하게 된다는 것이다. 이온은 전자보다 무거우므로 이동속도가 전자보다 작아지고 기체 중의 이온전류는 무시될 정도로 작아진다. 전기장이 작은 곳에서 기체 속의 저항이 절연물과 같이 대단히 큰 이유는 그 때문이다. 송전선 밑을 지나가도 걱정 없는 것은 이와 같은 메커니즘 때문이다.

전자의 증배작용과 전기저항

그렇지만 전기장이 커지고 공기 중으로 많은 전자가 이동하게 되면 공기의 저항은 차차 작아진다. 그리고 결국에는 저항이 금속같이 작아져, 공기의 절연이 파괴된 상태에 이른다(앞으로 이것을 '공기의 파괴'라고 하겠다). 공기의 저항을 알기 위해 우선 공기가 파괴되는 구조에 대하여 알아보도록 하자.

지금 2개의 바늘 전극을 기체 중에 서로 맞대고 배치해 놓았다 치고, 양쪽 전극 간에 높은 전압을 가하면 음극의 앞 끝에서 자유전자가 튕겨 나가게 된다. 이 자유전자는 기체 속을 빠르게 이동하게 되는데, 매우 가벼우므로 높은 전기장 하에서는 분자 간의 거리(100만분의 1㎝ 정도)를 달리는 근소한 시간 사이에 빠른 속도로 된다. 1초 동안 도쿄에서 시즈오카까지 달리는 속도가 되는 것은 극히 간단하다. 따라서 고속이 된 전자는 기

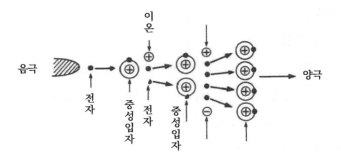

그림 6-6 | 기체 중의 전자의 증배 메커니즘

체분자에 충돌했다 하더라도 중성분자에 흡수되는 일도 없고 양이온과 부딪쳐도 끌려 들어가지 않는다. 그것만이 아니라, 중성분자로부터 전자를 탈출시키는 작용까지 한다. 이 현상을 전리작용이라고 한다.

음극에서 이탈한 1개의 전자는 100만분의 1㎝ 달리면 다른 분자와 충돌하여 새로운 전자를 방출하고, 충돌한 전자와 합쳐져 2개의 전자가 된다. 이 2개의 전자가 전기장에서 가속되어 100만분의 1㎝ 달린 후, 다시 다른 2개의 분자와 각각 충돌하면 전리작용을 수반하여 4개의 전자가 된다. 이렇게 계속 전자를 증배시키는 것이 가능해지면 때로는 음극에서 튕겨 나온 1개의 전자는 1센티미터 달리는 동안에 1억 개나 1조 개보다도 훨씬 많은 수의 전자로 증배된다.

〈그림 6-6〉을 보기로 하자. 이것은 음극으로 되어 있는 바늘 전극의 앞 끝에서 튕겨 나온 최초의 전자 1개가 증배되는 양상을 나타낸 것이다.

그러나 실제로 바늘 전극에서 방출되는 전자는 1개만이 아니다. 1,000개 또는 1만 개 이상일 수도 있으므로 증배작용을 수반한 다수의 전자가 양극으로 흘러 들어갔을 때 큰 전류가 흐르게 된다. 이때 전극 간은 파괴되었다고 한다.

전자가 증배하는 메커니즘은 전류가 증가하는 일이기도 하며, 전기저항이 작아지는 것과 같다. 이 저항이 감소하는 메커니즘은 실험적으로 구할 수 없는 것은 아니지만 매우 어렵다. 그 까닭은 10만분의 1초나 100만분의 1초 이하의 짧은 시간 안에 저항이 무한대에서 0으로 되기 때문이다.

플라스마 속의 저항

기체가 파괴되면 전기저항은 0으로 된다고 했는데 그 상태는 중성의 기체분자가 양이온과 전자로 분리하는 것과 관계가 있다. 이런 상태는 고온이므로 장시간 계속 유지하기는 어렵다. 고온이라 하여 1,000도나 2,000도가 아니라 1만 도 이상이다. 때로는 1,000만 도나 1억 도 이상일 때도 있다. 1억 도와 같은 고온이면 모든 원자, 분자는 전자와 양이온으로 분리되고 만다.

또한 온도가 높다는 것은 전자와 양이온의 운동에너지가 크다는 뜻이기도 하다. 분자의 운동에너지에 의해 기체의 압력이 정의되므로, 온도가 높아져 분자의 운동에너지가 커지면 결과적으로 기체압력이 상승한 셈

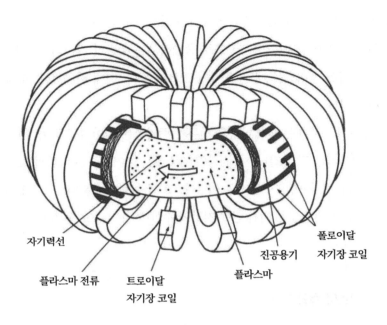

자기력선

플라스마 전류　　　트로이달
　　　　　　　　자기장 코일

진공용기

플라스마

폴로이달
자기장 코일

그림 6-7 │ 토카막형 핵융합로의 개념도

이 된다. 압력이라고 해서 1기압이나 2기압이 아니라 1,000기압 이상이

될 때도 있다. 이러한 초고온 그리고 초고압의 기체 상태를 플라스마라고

부른다. 이 상태의 전기저항은 금속같이 작아져 있다. 여기에서 사용하는

플라스마라는 말은 양극성의 이온 수와 음극성의 전자 수가 같은 수로 존

재하는 기체 중의 방전 상태에 대해 주어진 명칭이며, 1913년에 미국의

랭뮤어(Irving Langmuir, 1881~1957)에 의해 명명되었다.

　여담이지만 가까운 장래에 가장 중요하게 될 고온 플라스마의 응용에 대해 잠시 이야기하기로 하자. 이것이 꿈의 발전기인 핵융합반응로다. 〈그림 6-7〉은 그 모형도다. 이것은 연료가스를 플라스마 상태로 하여, 강력한 전자석의 힘으로 진공으로 되어 있는 금속 용기 속에 집어넣고 가열하는 방식으로 토카막이라고 부른다. 즉, 플라스마 상태의 기체에 큰 전류를 흐르게 함과 동시에 그림에서 나타낸 트로이달 자기장 코일이나 폴로이달 자기장 코일을 사용하여 플라스마를 더욱 가열하여 핵융합반응을 일으켜 이때 방출하는 에너지를 전기로서 끌어내는 장치다.

진공의 저항은 무한대가 되는가

기체 중에서 방전이 생기면 기체 중의 분자가 전리하여 전기저항이 작아지는 것을 알았다. 그렇다면 공기 분자가 존재하지 않는 진공에서의 전기저항은 어떻게 생각하면 좋을까.

진공 속에는 기체분자가 존재하지 않으므로 적어도 이온과 홀이 존재하지 않는 것만은 분명하다. 따라서 전류가 흐른다면 전류의 원천인 전하는 전자뿐이다. 전자는 분자 속에 존재하고 있으므로 분자가 존재하지 않는 진공 속에는 존재하지 않는 셈이 된다. 만일 전자가 존재한다면 진공 속에 배치된 2개의 전극 표면에서 방출되는 전자뿐이다.

전극 간에 전압이 가해지면 전압이 작은 동안에는 전극 표면에서 전자는 탈출할 수 없으므로 당연히 전자전류는 0이다. 그런 상태에서는 진공 속의 저항은 무한대로 되어 있어야 할 것이다.

전극 간에 가해지는 전압이 커지면 전극 내의 전자는 전극 표면에 존재하는 배리어(barrier)라 불리는 에너지의 장벽을 뛰어넘어 진공 속으로 튕겨나갈 수 있게 된다. 진공 속으로 방출된 전자는 기체 속에서와 같이 전자의 증배작용은 일어나지 않으므로 그대로 양극에 이른다. 이것만을 생각하면 음극에서 방출된 전자는 기체분자에 의해 이동을 방해받지 않으므로 저항은 작다고 말할 수 있을 것이다. 그러나 1개의 전자가 음극과 양극 사이를 흘렀다 하더라도 전류는 작다.

그러므로 전자전류는 전자의 전하량, 전자의 이동 속도와 이동하는 전자 수의 곱으로 정해진다. 전자의 전하량이 1.6×10^{-19}쿨롱으로 매우 작으므로 전자의 속도를 가령 빛의 속도 3×10^8㎧로 하면, 1개의 전자가 이동하는 데 따른 전류의 크기는 100억분의 1암페어 이하다.

한편, 저항은 전극 간의 전압을 전류로 나눈 값이므로 음극에서 방출되는 전자의 수가 적은 상태에서는 으레 진공의 전기저항이 커진다. 그러나 가해지는 전압이 커져 음극 표면에서 다량의 전자가 방출되면, 가령 1억 개 이상이라도 되면 전류가 커지고 전기저항은 작아진다. 또한 전류가 커질수록 진공의 절연은 파괴 상태가 된다.

이처럼 진공의 저항은 전극 간의 전압이 작을 때는 무한대이고, 고전압이 가해져 파괴 상태가 되면 금속같이 작아진다. 즉 나중에 설명할 반도체 같은 도체와 절연체의 중간적인 저항 상태가 존재하지 않는다는 데 특징이 있다. 이러한 특성을 이용하여 큰 전류를 제어하는 진공 스위치가 만들어져 있다.

그런데 진공이라 해도 완전히 기체분자가 없어지는 일은 없다. 보통, 진공이란 것은 10만분의 1기압이라도 1㎤당 약 1조 개의 분자가 존재하고 있다. 그래도 진공이라 부르는 데는 이유가 있을 것이다. 고진공이라 불리는 10억분의 1기압이 되면, 거기에도 공기 분자는 1㎤당 1억 개나 존재한다. 그러나 이러한 상태에 이르면 고에너지를 갖는 전자가 기체분자와 충돌하지 않고 달릴 수 있는 거리(이 거리는 전문가들 사이에서 평균자유행로라 불린다)는 1미터 이상이나 된다. 그것은 음극에서 방출된 대부분의 전자는 기체분자와 충돌하는 일 없이 그대로 양극에 이를 수가 있음을 뜻한다. 즉 기체분자가 존재하지 않는 진공 상태와 같은 상태가 되는 것이다.

반도체의 저항

반도체란 이름은 금속과 같은 도체와 유리 같은 절연체의 중간적인 저항을 갖는 물질이란 뜻에서 명명되었다. 그러나 도체, 반도체, 절연체의 구별이 반드시 분명하지는 않다. 〈표 6-1〉을 다시 보기로 하자. 반도체의 고유저항은 $10^4 \sim 10^{-2}$옴미터($\Omega \cdot$m)라는 것을 알 수 있다. 예를 들어 전형적인 반도체 실리콘은 절연물(염화비닐)의 저항보다 100만분의 1 이상 작고, 금속 도체의 저항보다 100만 배 이상 큰 셈이다.

반도체의 대부분은 주기율표의 4족에 속하는 실리콘이나 게르마늄 중

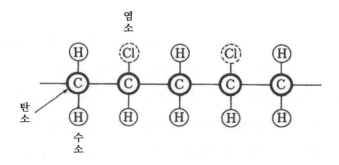

그림 6-8 | 염화비닐의 분자 구조

1종류의 원소로 된 결정체가 많다. 이 결정체는 가해지는 전압(전기장이라 하는 것이 적절하다)이 낮으면 절연물로 작용하고, 높으면 절연물의 성질이 붕괴되고 전기적으로 도체로서의 특성이 나타나는 것이 특징이다. 반도체의 상세한 성질에 대해서는 9장에서 설명한다.

고체절연물이 전기를 통과시키지 않는 이유

고체의 저항 중에는 금속처럼 적은 것에서부터 전기를 통과시키지 않는 절연체 같은 큰 것까지 있다. 그런데 저항이 무한대라고 여겨지는 절연체는 가정에서도 자주 보게 된다. 100V의 전선코드 표면을 피복하고 있는 염화비닐이 그 대표적인 예다. 〈표 6-1〉를 다시 보자. 염화비닐의 저항률은 10^{12}옴미터이므로 두께 1㎜의 염화비닐에 100V의 전압을 가한다 하더라도, 염화비닐을 흐르는 전류는 1,000만분의 1A 이하가 되는 것이다.

이 절연체도 오랫동안 사용하면 저항의 값이 작아져 누전 등의 사고를 일으킬 수도 있다. 이것은 사용하고 있는 동안에 염화비닐의 분자 구조가 변하기 때문이다. 원래 염화비닐은 〈그림 6-8〉처럼 탄소 C, 수소 H, 염소 Cl이 사슬 모양으로 결합한 구조를 하고 있으나, 그 중심적인 역할을 하는 탄소 원자가 몇 개나 곧게 이어져 있는 것이 특징이다. 그러나 도선에 전류가 흐르거나 차단되는 것으로 도선이 따뜻해지거나 식는 사이에, 탄소 원자와 탄소 원자를 연결하는 전자의 손이 절단되어 군데군데의 결합에서 이탈한 자유전자가 발생한다. 또한 우주선(宇宙線) 같은 고에너지를 지닌 입자가 오랫동안 염화비닐을 쬐면 전자의 결합손이 끊어지는 경우도 있다. 이 결합손의 작용을 하고 있는 전자가 자유전자가 되어 전기전도 특성을 나타내므로 결과적으로 저항이 작아지게 된다.

그러므로 절연체에 고전압을 가하여 이것을 파괴한다는 것은 탄소 원자와 탄소 원자의 결합손을 절단함으로써 자유전자를 만든다는 것이기도 하다. 절연물이 파괴되었다는 것은 자유전자가 많아지고 저항이 작아졌다는 것을 뜻하지만, 파괴되지 않고 군데군데에 결합손이 잘리면 그 정도에 따라 저항값이 작아지고 반도체 같은 특성을 나타낼 때가 있다.

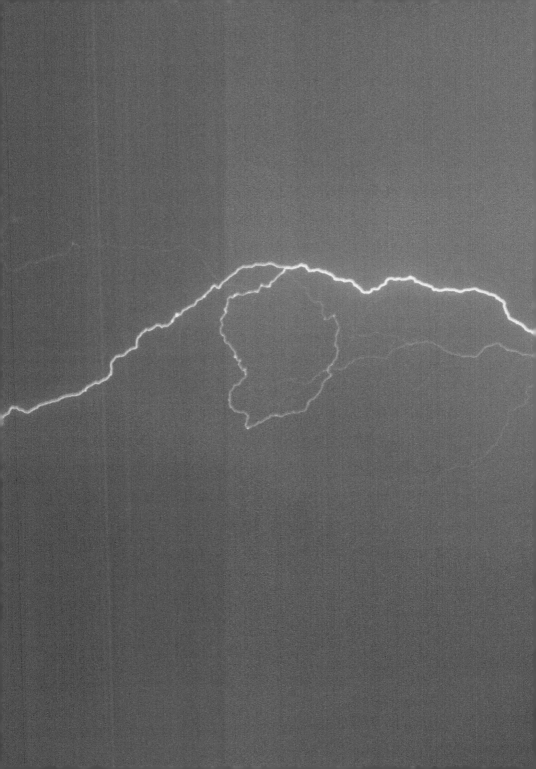

7장

콘덴서와 코일

7

콘덴서와 코일

콘덴서

전기에 다소 흥미를 가져 본 적이 있는 독자라면 콘덴서가 라디오나 텔레비전을 비롯하여 전기를 다루는 회로에 없어서는 안 되는 소자라는 것을 알고 있으리라 생각된다. 콘덴서는 전기를 비축하는 것으로 고안된 것인데, 교류전압이나 교류전류의 회로로 사용될 때는 전기를 비축하는 것과 다른 기능을 갖는 소자로서 이용된다. 전기회로 내에서의 콘덴서 작

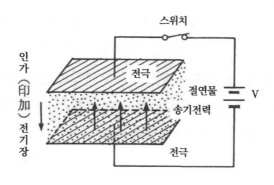

그림 7-1 | 고체콘덴서의 모델

용에 대해서는 다음 장에서 언급하므로 여기서는 콘덴서의 내부 구조에 대해서 설명하기로 한다.

흔히 콘덴서는 〈그림 7-1〉에 나타낸 바와 같이 두 개의 평판 모양의 전극 사이에 고체절연물을 삽입한 구조로 되어 있다. 이제까지의 이야기로서 알 수 있듯이 절연물의 저항은 금속이나 반도체에 비해 매우 크지만 무한대는 아니다.

절연물의 양 끝에 전압을 가하면 매우 적으나마 전류가 흐른다. 따라서 콘덴서에 장시간 전기를 비축하려면 당연히 절연물의 저항을 크게 해야만 한다. 절연물의 양 끝에 가한 전압이 작은 동안에는 높은 저항의 조건은 충족되나 전압이 높아지면 저항은 작아져 콘덴서로서의 작용이 없어지는 경우가 있다. 이런 상태는 콘덴서가 파괴되었다는 것을 나타내며, 때로는 콘덴서가 펑크났다고 표현하기도 한다.

2개의 전극 사이에 절연물을 넣어 많은 전기를 비축할 수 있는 것이 콘덴서라면 고체절연물 대신에 액체절연물을 넣어도 콘덴서라고 할 수 있을 것이다. 이것을 액체콘덴서라고 부른다. 또한 전극 간에 가하는 전압이 작으면 공기도 절연물이 되므로 공기콘덴서도 있을 수 있다. 마찬가지로 진공 속에 전극을 마주 놓은 배치를 해도 콘덴서로서의 작용을 한다. 공기콘덴서나 진공콘덴서의 경우에는 절연물의 전극 사이에 넣었을 때와 같이 다량의 전기를 비축할 수는 없다.

고체콘덴서의 내부에서 무엇이 일어나는가

콘덴서는 외부에서 직류전압을 가하면 그 전압에 저항하기 위한 전압이 발생하는 데 특징이 있다. 이 전압이 왜 발생하는가 하면 직류전압을 가함으로 절연물의 내부에 비틀림이 생기기 때문이다. 이 비틀림을 해소하여 절연물을 원래의 상태로 회복하려는 힘이 발생하는 것이다. 즉 〈그림 7-1〉에서 화살표로 표시한 것같이 외부에서 전기장이 가해지면 그 전기장과 역방향의 전압이 발생한다. 이 전압은 콘덴서의 내부에 존재하고 있는 분자가 외부로부터 가해진 전압에 반항하는 것처럼 배열하기 때문에 생기는 역방향의 전압이다.

이 작용은 전극 간에 존재하고 있는 절연물을 구성하고 있는 분자가 외부에서 가해진 전기장에 의해 양과 음의 전하로 분리하는 데 기인한다. 절연물 중의 음전하가 양극 쪽으로, 양전하가 음극 쪽에서 나타난다. 이 현상은 3장에서 설명한 정전기유도 현상과 비슷하다. 금속의 경우에는 전자가 원자 사이를 자유로이 이동할 수 있었으나, 절연물의 경우에는 전자가 절연물을 구성하고 있는 분자 속에서 이동할 수 있어도 분자 밖으로는 나갈 수 없는 것이 특징이다. 이 현상을 분극작용이라 한다. 분극작용에 대해서는 나중에 설명한다. 어쨌든 분극작용에 의해 발생하는 전기장은 외부에서 가해진 전기장과는 역방향이 되는 특징이 있다.

이 성질은 결정체에 외부로부터 압력이 가해져도 일어난다. 이때, 발생하는 전압은 가정에서 사용하는 가스 자동점화장치에도 응용되고 있으며,

이러한 성질을 갖는 결정체를 압전
소자(壓電素子)라고 한다. 결정체 중
에서도 분극작용이 강한 것이 있고
약한 것이 있다. 강한 것은 많은 전
기를 비축할 수 있는 데 반해 약한
것은 전기를 비축하기 어렵다. 특히
다량의 전기를 비축할 수 있는 절연
물을 강유전체(强誘電體)라 한다.

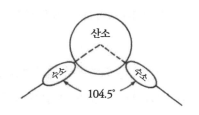

그림 7-2 | 물의 분자 구조

원래 분극작용이란 물질을 구성하고 있는 분자가 국부적으로 양극성
의 부분과 음극성의 부분으로 분리하는 것이다. 또한 분극작용에 의해 발
생한 전기장의 방향은 외부에서 가해진 전기장의 방향과 반대로 되는 것
이 특징이다. 또한 이 분극은 외부의 압력이나 전압이 가해지는 동안에
는 존재하고 있으나, 압력이나 전압이 제거되면 분극된 분자는 원래의 상
태로 되돌아가려고 한다. 실은 이 분극 상태가 완전히 원래의 상태로 되
돌아가는 데까지 시간이 걸리는 것도 하나의 특징이다. 물론 분극 상태가
장시간 지속되는 물질도 있다.

액체콘덴서

이와 같이 외부에서 가해진 전압이나 압력에 저항하는 작용이 있는

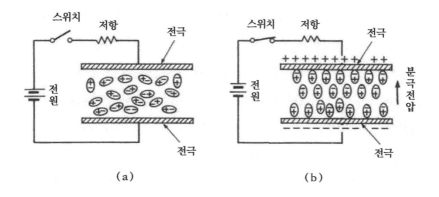

그림 7-3 | 물콘덴서의 분극작용과 분극전압:
(a) 전압을 가하지 않은 경우 (b) 전압을 가한 경우

것은 고체만이 아니다. 물과 같은 액체절연물에서도 생긴다. 물은 〈그림 7-2〉에 나타낸 것같이, 수소 원자 2개와 산소 원자 1개가 결합하여 이루어져 있다. 이 분자는 산소 원자가 존재하는 방향에 많은 전자가 존재하고 있으므로 산소 쪽에 음극성의 성질이 강하다. 이것과는 반대로 수소 쪽은 양극성의 성질을 나타낸다. 이처럼 물은 원래 양과 음의 전하로 분극된 분자이며, 이러한 분자는 극성 분자라 한다. 이렇게 분극되어 있는 극성 분자가 다수 모이고 또한 난잡하게 배열하고 있기 때문에 물은 전체로서 전기적으로 중성의 성질을 나타내고 있다.

〈그림 7-3〉에 나타낸 물콘덴서를 자세히 보기로 하자. 2개의 평평한 전극 사이에 물을 채운 다음에 양쪽 전극 사이에 전압을 가하면 처음에는

〈그림 7-3(a)〉같이 무질서하게 분포하고 있던 물의 극성 분자는 회전하여 외부에서 가해진 전기장에 대항하기 위해 역방향의 전기장을 이루도록 재배열한다. 그러한 상태를 〈그림 7-3(b)〉에 나타냈다. 물의 분자가 규칙적으로 배열하는 데 필요한 에너지는 다른 분자가 배열하는 경우보다 크다. 물콘덴서가 다량의 전기를 비축할 수 있는 것은 이러한 원리 때문이다.

콘덴서는 이렇게 극성 분자가 규칙적으로 배열할 때까지 외부로부터 전기를 공급받을 수가 있다. 즉 많은 전류가 콘덴서로 흘러 들어갈 수가 있기 때문이다. 이때, 전류의 원천인 전하는 절연물의 내부까지는 흘러 들어갈 수는 없으나 절연물의 내부로 전류가 흘러 들어간 것 같은 현상이 생긴다. 이 전류를 변위전류(變位電流)라고 한다. 변위전류에 대해서는 12장에서 설명하기로 한다.

이때, 분자의 분극작용에 기인한 반발력은 무한하게 커지는 것이 아니라 한계가 있다. 이 한계는 절연물의 종류에 따라 다르다. 외부에서 가해진 전기장이 분자의 배열에 따라 반발하는 전기장의 한계와 같아질 때까지 전류를 흘릴 수 있는 것이다. 그 한계는 모든 극성 분자가 재배열을 끝냈을 때다.

분극에 의한 전기장이 한계에 이르렀을 때는 외부에서 유입되는 전류는 0이 된다. 이때, 콘덴서의 전기저항은 무한대의 상태가 된다. 따라서 콘덴서에 전압을 가하면 초기에 콘덴서의 전압은 0이며, 겉보기의 콘덴서 저항은 0과 같은 성질을 나타낸다. 이것과는 달리, 극성 분자가 완전히 재배열을 끝낸 시점에서는 콘덴서의 저항은 겉보기에 무한대가 된 것 같은 성질을 나타낸다.

〈그림 7-3(b)〉를 보기로 하자. 분자의 분극작용에 의해 생긴 전하의 배치는 상하 전극의 극성에 따라 다르다. 만일 상부전극을 양으로 하면 전극 표면에는 양의 전하가 고이고, 절연물 내에서 전극 가까이에 존재하는 분극 분자의 극성은 음으로 된다. 이것과는 달리, 하부전극에서는 전극 표면에 음전하가 고여 절연물 내부의 전극 근방에 양전하가 존재하게 된다. 전극에 가해지는 전압의 극성이 변하면 당연히 극성 분자가 분극하는 방향도 변한다.

물질의 분극작용에는 극성 분자가 회전하기 위해 발생하는 쌍극자분극 이외에 원자 내의 양성자와 전자의 위치가 변화하기 위해 생기는 전자분극이나 염화나트륨(소금의 분자)같이 양이온과 음이온이 그 위치를 변화함으로써 생기는 분자분극 등이 있다.

교류전류와 콘덴서

콘덴서의 양 끝에 교류전압을 가하면 어떠한 일이 생길까. 콘덴서 내부의 극성 분자는 외부 전기장에 대항하기 위해 재배열하지만, 그 작용이 일어나는 데는 시간이 걸린다. 즉 극성 분자가 일단 한 방향으로 배열한 다음 외부 전기장의 방향이 역전한다고 하여 바로 역방향으로 재배열하는 것은 아니다. 외부에서 가해지는 전기장의 주기에 충분히 시간이 걸리고 분극해 있는 분자가 180도 회전하는 데 필요한 시간 이상이면 교류에 대해서도 겉보기에는 저항이 커진 것 같은 성질을 나타낸다. 그 점에 대해서는 좀 더 상세히 설명하기로 하자.

우선 교류전압이 최대가 되었을 때, 극성 분자는 재배열을 끝냈다고 볼 수 있을 것이다. 그 직후에 콘덴서에 가해지는 전압을 최댓값에서 서서히 감소시키면 외부로부터의 전기장이 약해진 분만큼 극성 분자는 처음의 난잡하게 배열하고 있던 상태로 되돌아가려고 한다. 외부의 전압이 0으로 되면 그 경향은 더욱 강해진다. 그러나 전압이 0으로 된 순간에 극성 분자 모두가 처음의 무질서한 상태로 되돌아가는 것은 아니다. 이때 극성 분자가 분극한 대로의 상태로 남아 있는 분자에 의해 콘덴서의 양 끝에는 전압이 발생하게 된다.

이번에는 외부에서 가하는 전압을 처음의 상태와 반대의 방향으로 하면 극성 분자는 그 영향을 받아 먼저와 반대의 방향으로 회전한다. 이러한 작용을 되풀이하면서 외부로부터의 전압변화에 대응하여 콘덴서의 내부에서 극성 분자가 회전하게 된다.

주파수가 커지면

그러나 콘덴서에 가해지는 전기장의 변화하는 주기, 즉 주파수가 커지면, 콘덴서 내의 분자가 충분하게 회전하고 있지 않는 사이에 다시 역방향으로 재배열해야 한다. 이 분자가 완전히 재배치했을 때 겉보기의 저항이 최대로 되는 것이므로 주기가 커지면 극성 분자가 재배열을 끝내기 전에 전기장의 방향이 바뀐다. 그러므로 콘덴서의 저항이 겉보기에는 작아진 것 같은 상태에서 전류가 흐른다. 이때 흐르는 전류는 콘덴서의 표면에 전하를 고이게 하며 내부로는 흘러 들어갈 수 없다. 물론 절연물 중에는 외부의 전류와 동일한 크기의 변위전류가 흐르게 된다.

이상의 것으로 콘덴서의 저항은 겉보기로는 주파수에 반비례하여 작아지는 특성을 나타낸다는 것을 알 수 있다. 이때 전류가 다량으로 흐르므로 콘덴서는 파괴된 것 같은 상태가 된다. 즉 콘덴서는 어느 주파수 이상이 되면 전기적으로는 파괴되어 있지 않은데 겉보기로는 전기저항이 0이 된다. 이때 콘덴서는 전기를 통과시키는 필터로서의 작용을 한다.

이때, 콘덴서의 저항에 대해 유념해야 할 것이 있다. 교류의 전압·전류 현상의 경우, 전압과 전류의 비의 값을 전문가들 사이에서는 '리액턴스'(reactance)라고 부르며 금속 도선의 전기저항과 구별하고 있다. 그러나 여기에서는 단순히 전압과 전류의 비례관계를 설명하고 있으므로 교류저항인 리액턴스를 콘덴서의 전기저항으로 표현해 왔다.

코일과 금속 가는 선

전기회로를 구성하고 있는 소자에는 지금까지 설명한 저항과 콘덴서 이외에 코일이 있다.

하나의 가늘고 긴 도선을 직선상으로 늘린 상태에서 도선의 양쪽 끝에 교류전압을 가하면, 흐르는 전류는 직류전압을 가했을 때의 값과 거의 다름이 없는(엄밀하게 말하면 근소하지만 변화가 있다) 동일한 도선을 원형으로 감은 코일 모양으로 하면, 직류전압을 가했을 때 직류전류의 크기는 직선상의 도선의 경우와 다름없는 데 비해 같은 크기의 교류전압을 가하면 교류전류는 직류전류보다 작아진다.

이때 교류전압을 직류전압과 비교할 때는 교류전압의 크기를 시간적으로 평균화한 실효값이 사용되고 있다. 실효값이란 전압 혹은 전류의 최댓값의 값을 총칭하고 있다.

또한 교류전압의 주파수를 바꾸면 코일을 흐르는 전류는 주파수에 반비례하여 작아진다. 더욱이 주파수를 일정하게 하여 교류전압을 가하면 전류의 크기는 코일의 감긴 수의 제곱에 반비례하여 작아진다. 그 결과 코일에 교류전류가 흘렀을 때, 코일은 직류전류에 의한 전기저항 외에 다른 전류의 흐름을 저지하는 작용이 있다는 것을 알게 된다.

그렇다면 교류전류에 의한 이 전기저항이란 어떤 저항일까.

코일에 교류전류를 흐르게 하면 코일 주변에 시간적으로 변화하는 자기장이 발생한다. 이것은 자기장의 현상이며 3장에서 설명한 바 있는 외르스테드에 의해 발견된 전류다. 자기장이 변화했다는 것은 전자기유도 작용에 의해 코일 내부에 발생한 자기장의 변화를 원래의 상태로 되돌리려는 전압이 코일에 발생하는 것이기도 하다. 그 전압의 방향은 코일에

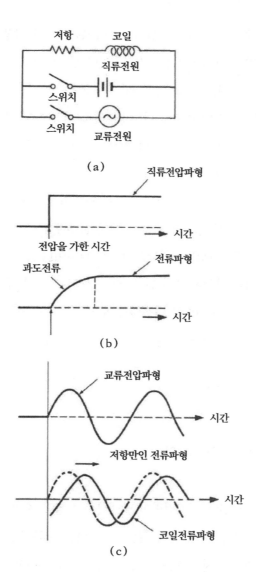

저항   코일

직류전원

스위치

스위치   교류전원

(a)

직류전압파형

시간

전압을 가한 시간

과도전류   전류파형

시간

(b)

교류전압파형

시간

저항만인 전류파형

시간

코일전류파형

(c)

그림 7-4 | 코일에 의한 역기전력의 발생:

(a) 저항, 코일과 전원의 회로 (b) 직류전압파형과 전류파형 (c) 교류전압파형과 전류파형

전류를 흐르게 하는 전압의 방향과 반대로 된다. 이때 발생하는 역방향의 전압을 전문가들 사이에서는 역기전력이라 부른다. 이 전압이 전류의 흐름을 방해하고 있다.

교류전압은 극성이 변할 때마다 역기전력의 방향도 변한다. 역기전력을 발생시키는 전기회로는 〈그림 7-4(a)〉로 나타냈다. 앞에서 설명했지만 코일에 교류전압을 가했을 때 흐르는 전류의 크기가 직류전압을 가했을 때의 전류의 크기보다 작아지는 것은 역기전력이 발생하기 때문이다. 〈그림 7-4(b)〉는 직류전압을 가했을 때의 전류파형이고, 〈그림 7-4(c)〉는 교류전압을 가했을 때의 전압파형과 전류파형이다. 코일을 제거하여 저항에 교류전압을 가했을 때의 전류파형도 〈그림 7-4(c)〉에 점선으로 나타냈다. 코일과 저항을 직렬로 연결했을 때 흐르는 교류전류가 저항만 있을 때의 교류전류보다 작아졌다는 것을 알 수 있다. 교류전류가 작아진 부분은 코일의 역기전력에 의한 것이다.

코일의 인덕턴스에 대하여

이와 같이 도선에 역기전력이 발생하는 현상을 자기유도 작용(自己誘導作用)이라고 한다. 이때 발생하는 역기전력은 전류의 크기에 비례하는데, 그 비례계수는 자기 인덕턴스(self-inductance)라고 불린다. 인덕턴스란 말은 독일 태생의 미국의 전기공학자 슈타인메츠(Charles Proteus

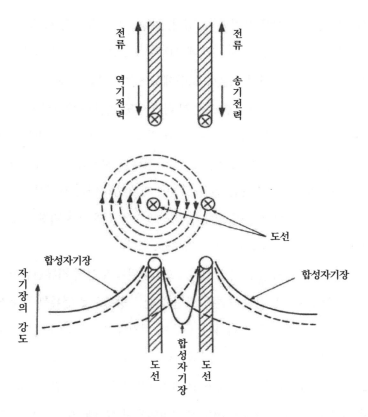

그림 7-5 | 2개의 도선 간에 생기는 자기장 분포

Steinmetz, 1866~1923)에 의해 처음으로 제안되었다. 또한 전기저항에 해당하는 코일의 저항을 전문가들은 콘덴서의 경우와 같이 리액턴스라고 부르고 있다.

지금까지는 1개의 도선 인덕턴스에 대해 이야기했으나, 2개의 도선에 대해서도 같은 현상을 생각할 수 있다. 가령 2개의 도선을 〈그림 7-5〉같이 평행하게 배치하고 왼쪽 도선에 전류를 흐르게 한다. 이 전류에 의해 발생한 자기장은 당연히 오른쪽 도선에도 자기작용을 미친다. 이러한 상태에서 오른쪽 도선에 전류를 흐르게 하면 어떤 현상이 생겨날까.

오른쪽 도선에 전류를 흐르게 할 때 왼쪽의 도선에 의해 발생한 자기장이 혼란되므로 오른쪽 도선을 흐르는 전류를 저지하려는 작용이 일어난다. 이때 발생하는 작용은 왼쪽 도선에 의해 발생하는 자기장의 분포가 오른쪽 도선을 흐른 전류에 의해 혼란되는 것을 원래의 자기장 분포로 회복하려는 기전력이 발생하는 데 기인하고 있다.

다시 〈그림 7-5〉를 보기로 하자. 그림의 왼쪽 도선에 직류전류가 흐르고 있는 상태에서 돌연히 오른쪽 도선에 같은 방향으로 전류를 흐르게 하면 같은 그림의 아래쪽에 나타낸 것같이, 각각 1개의 도선이 단독으로 존재하고 있을 때의 자기장 분포는 점선과 같이 된다. 2개의 도선에 같은 방향으로 동시에 전류를 흐르게 하면 자기장의 분포는 실선같이 변화한다. 양쪽 도선의 중간 자기장은 서로 역방향이므로 상쇄되어 그림과 같이 작아진다.

이때 양쪽 도선이 이동할 수 없게 해두면 도선 간의 자기장이 작아지지 않도록, 오른쪽의 전류가 흐르기 어렵게 되는 역기전력이 오른쪽 도선에 발생한다. 이 작용은 2개의 도선 사이에서는 서로 같다. 이처럼 인접한 코일의 도선에 서로 역기전력이 발생하는 현상을 상호유도작용이라 한다. 이 작용도 역시 인덕턴스에 의한 것이며, 이것은 상호 인덕턴스라고 불린다.

기체의 인덕턴스는 존재하는가

이제까지의 이야기로 금속 가는 선이 인덕턴스를 갖고 있다는 것이 분명해졌는데, 그러면 기체나 고체에도 인덕턴스가 존재하는가. 이 문제에 도전해 보자.

원래 인덕턴스는 코일에 전류가 흐를 때 후속 전류가 흐르는 것을 저지하도록 자기장에 발생하는 전기현상이다. 그것은 최초로 흐른 전류가 그 공간에 자기장을 형성하고 그 자기장이 후속 전류의 흐름을 저지하고자 하는 역기전력을 일으키는 것이기도 하다. 따라서 기체 속에서도 전류가 흐른다면 역시 자기장이 발생하는 것은 당연하며, 기체에 인덕턴스가 존재해도 무방할 것이다.

그러나 기체 속을 전류가 흐르는 메커니즘은 전기저항에서 설명했으므로 어느 정도 이해했으리라 생각한다. 다만 기체 속을 전류가 흐르는 경우에 전류는 금속 가는 선과 같이 1개의 선상으로서 흐르지 않으므로 기체의 인덕턴스를 이해하기는 어렵다. 전자나 이온이 다량으로 존재하는 고온 가스 상태를 형성하면 거기에서는 기체의 저항이 작아지므로 큰 전류를 흐르게 할 수 있다. 큰 전류에 의해 형성되는 자기장은 기체 속을 흐르는 전하에 힘을 미치게 된다. 흥미로운 것은, 양전하를 띤 입자라도 음전하를 띤 전자나 음이온이라도 다량의 전하가 흐르면 전하는 모두 흐르고 있는 전류의 중심에 끌려 들어가는 것 같은 힘을 받는다. 이 힘은 플레밍의 법칙에 따라 일어나는 현상이라는 것만을 말해 둔다.

핀치효과가 기체의 인덕턴스

기체가 고온이 되어 전자나 이온이 다량으로 흐르고 있는 상태를 플라스마라고 했는데, 플라스마 상태에서 다량의 전하가 전류의 중심에 모이는 현상은 광학적으로도 측정된다. 이 현상을 핀치효과(pinch effect)라고 한다. 〈그림 7-6〉은 그 모델이다.

특히 자체의 전류에 전하가 모이는 현상은 자기(自己) 핀치효과라고 하며 〈그림 6-7〉에서 설명한 열핵융합반응로의 실현에 없어서는 안 되는 현상이다.

핀치효과가 일어나면 전기저항은 겉보기에는 커지고 전류는 제한된다. 그 결과 인덕턴스의 작용이 생기게 된다. 그리고 구방형(矩方形) 파상의 전류를 흐르게 하고자 해도 자기 인덕턴스로 인해 전류가 최대로 되기까지에는 시간이 걸리는 현상이 일어난다. 이러한 사실로서 기체 속에도 금속선과 같은 고체에서와 같이 인덕턴스가 존재한다는 것을 알게 되었다.

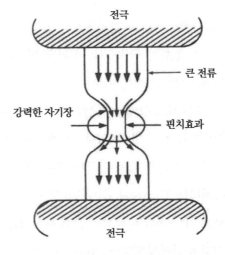

그림 7-6 | 기체 속의 큰 전류방전과 핀치효과

8장

교류의 저항(임피던스)과 전기회로

8

교류의 저항(임피던스)과 전기회로

직류전류와 전기회로

이제까지의 이야기로 저항, 코일, 콘덴서 이 모두가 전류의 흐름을 방해하는 작용을 하고 있다는 사실을 알았을 것이다. 그렇지만 저항의 작용, 코일의 작용 그리고 콘덴서의 작용이 이처럼 다양하다는 데 대해 놀라움을 느낀 것은 필자만이 아닐 것이다. 그러한 작용을 하는 소자를 여러 개의 전원과 접속시킨 것이 전기회로다.

가장 간단한 전기회로는 1개의 전기저항 양 끝에 전기를 연결한 것이다. 전기저항을 2개, 3개로 직렬로 연결하거나 병렬로 연결한 것의 양 끝전원에 접속했을 때 이루어지는 전기회로가 일반적이다. 특히 전기저항의 일부가 콘덴서나 코일로 치환된 것에 교류전원을 접속한 것이 교류회로다.

그런데 전기회로는 전류가 흐르는 회로이므로 전원을 포함하지 않는 저항, 코일, 콘덴서만으로 접속된 것을 전기회로로서는 취급할 수 없을까. 그러면 전원이 포함되지 않아도 전류를 흐르게 할 수 있다는 것을 나타내 보자.

〈그림 8-1〉를 보자. 처음에 전원에서 스위치 S_1과 저항 r을 매개하여

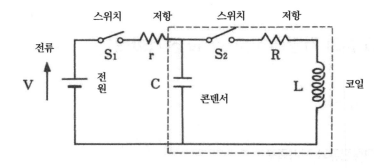

그림 8-1 | 전원을 포함하지 않는 R-L-C 회로

콘덴서 C에 전류를 흐르게 하고 전기를 비축하기로 한다. 전기를 비축한다는 것은 충전을 뜻한다. 콘덴서의 전압이 전원의 전압과 같으면 이 회로에는 전류가 흐르지 않게 된다. 이때 스위치 S_1을 여는 동시에 스위치 S_2를 닫으면 저항 R과 코일 L에 전류가 흐르게 된다. 이것으로 전원을 포함하지 않는 R-L-C 회로에도 전류가 흐른다는 것을 증명한 셈이 된다.

〈그림 8-1〉에서 콘덴서와 코일을 교체하여 코일에 전류를 흐르게 한 상태에서, 스위치를 바꾸어도 콘덴서의 경우와 같이 전원을 포함하지 않는 R-L-C 회로에 전류를 흐르게 할 수 있다. 이처럼 전원을 포함하지 않아도 R-L-C 소자로 된 닫힌회로에 전류가 흐를 수 있는 것이다. 그러나 흔히 저항, 콘덴서, 코일 등을 전원에 접속한 닫힌회로를 전기회로라고 부르고 있다.

과도적으로 흐르는 전류 현상

그렇다면 R-L-C 회로에 전압을 가했을 때, 각 소자에는 어떤 전류가 흐를 것인가. 이 회로에 교류전압을 가했을 때 흐르는 전류는 나중에 설

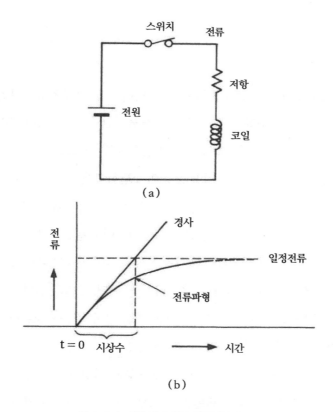

(a)

(b)

그림 8-2 | 저항 및 코일과 직류전압의 회로:

(a) 회로도 (b) 전류파형

명하는 바와 같이 매우 복잡하므로, 여기에서는 직류전압을 가하는 경우부터 이야기를 해나가기로 하자. R-L-C 회로를 다루기 전에 저항 R과 코일 L로 이루어진 회로 그리고 저항 R과 콘덴서 C로서 이루어진 회로에 대하여 설명하기로 한다.

R-L 회로

〈그림 8-2(a)〉는 저항과 코일로 이루어진 R-L 회로에 직류전압을 가한 예다. 이때 흐르는 전류는 〈그림 7-4(b)〉와 동일한 특성의 곡선이 된다. 즉, 직류전압을 가한 직후에는 코일에 역기전력이 발생하므로 전류가 흐르기 어렵게 된다. 이 역기전력은 얼마 안 되어 소멸하고 일정 전류가 흐르게 된다. 이 경우 저항의 값을 바꾸는 것으로 코일을 흐르는 전류를 크게 하거나 작게 할 수 있다. 물론 코일의 감은 횟수를 바꾸어도 전류를 변화시키는 것은 가능하다. 전류가 급증하는 초기의 현상은 극히 단시간 내에 일어나는 일이다. 여기에서 전기저항의 값을 일정하게 하면, 코일의 인덕턴스를 변화시키는 것으로 전류가 어떻게 변화하는가를 알 수 있을지 모른다.

저항의 값을 일정하게 하고 코일 L의 값을 작게 하면 코일의 역기전력이 작아지고 전류는 급격히 상승하여 조속하게 일정한 전류값을 이룬다. 이것과는 반대로 코일의 인덕턴스를 크게 하면 역기전력이 커져서 전류는 완만하게 상승한 후에 일정한 전류값을 이룬다. 코일을 흐르는 전류가 일정값이 되었을 때는 코일의 역기전력이 소멸되어 있으므로 전류는 전원의 전압을 저항으로 나눈 값이 된다.

그런데 코일의 역기전력이 소멸한다고 했는데 이것은 스위치를 넣고 나서 시간이 경과한 후에 전류의 변화하는 비율이 작아지기 때문에 일어나는 현상이다. 즉, 역기전력은 전류의 시간적 변화가 적어지는 것과 함께 적어진다. 그 관계를 〈그림 8-2(b)〉에 나타냈다.

R-C 회로

그러면 저항과 콘덴서로 이루어진 R-C 회로에 직류전압을 가했을 때는 어떤 전류가 흐르게 될까. 〈그림 8-3(a)〉를 보기로 하자. 이 회로는 절연물로 구성된 콘덴서를 포함하고 있으므로 전류는 흐르지 않을 것이다. 그러나 과연 전류는 흐르고 있지 않는 것일까.

직류전압이 가해진 순간을 잡으면 콘덴서에는 전하가 고여 있지 않으므로 전압은 0이다. 따라서 콘덴서의 저항은 겉보기로는 0이다. 이때 콘덴서에 유입되는 전류는 전원전압을 저항으로 나눈 값이 된다. 콘덴서는 전류가 흐르면 전극에 전하가 비축되어 전압이 발생한다. 이 전압은 전원전압과 역방향이 되어, 후속하는 전류를 흐르기 어렵게 한다. 콘덴서에 어느 정도의 전하가 고인 후, 다시 전류를 흐르게 하려면 흐르는 전류의 크기는 전원의 전압에서 콘덴서의 전압을 뺀 전압의 크기를 저항의 값

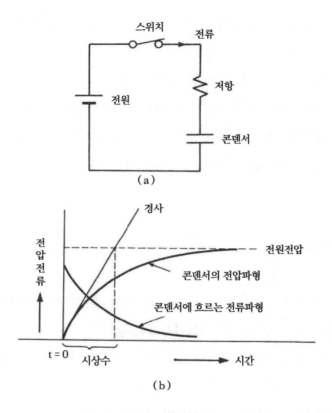

그림 8-3 │ 저항과 콘덴서와 직류전압의 회로:

(a) 회로도 (b) 전류파형

으로 나눈 값이다. 따라서 시간이 경과하면 콘덴서의 전압이 상승하는 데
반해 전류는 감소한다.

　콘덴서에 비축되는 전하에 의해 콘덴서의 양 끝에 발생하는 전압의 시

간적 변화를 〈그림 8-3(b)〉로 나타냈다. 즉, 저항을 흐르는 전류는 스위치를 넣고 나서 지수함수적으로 감소한다는 것을 알게 된다. 이때 R의 값을 일정하다고 하면 콘덴서 C의 값이 작으면 전류는 급격하게 감소하고, 콘덴서 C의 값이 커지면 전류는 완만하게 감소한다. 전류의 시간변화도 〈그림 8-3(b)〉에 나타냈다.

R-L-C 회로

그럼 끝으로 저항, 코일, 콘덴서로 이루어진 R-L-C 회로에 직류전압을 가했을 때의 전류에 대하여 설명하기로 하자. 〈그림 8-4〉는 그 대표적인 회로다. 직류전압을 R-L-C 회로에 가한 직후에 콘덴서의 저항은 겉보기에는 0이므로 큰 전류가 흐르기 쉬운 상태로 되어 있다. 또한 코일의 전기저항도 0이므로 스위치 S가 닫힌 순간에 코일을 흐르는 전류는 전원의 전압 V를 회로의 저항 R로 나눈 값이 된다. 그러나 코일에 전류가 급격히 흐르면 이번에는 역기전력이 발생하여 전류의 흐름을 억제하는 현상이 생긴다. 이처럼 저항, 코일, 콘덴서에 접속한 전기회로에 직류전압을 가한 것만으로도 전류의 흐름을 간단히 알기란 어렵다.

코일 L에 역기전력이 발생하기 위해서 회로를 흐르는 전류가 제한된다고 했는데, 시간이 경과하면 이 전류에 의해 운반된 전하가 콘덴서에 고여 콘덴서의 전압이 크게 되므로 회로에는 전류가 흐르기 어려워진

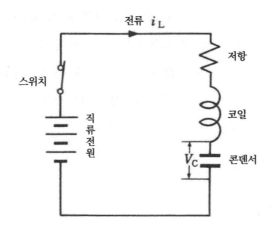

전류 i_L

스위치

직류전원

저항

코일

V_C

콘덴서

그림 8-4 | R-L-C 회로와 직류전원

다. 즉 초기에 흐르는 전류는 코일의 역기전력 때문에 작지만, 전류가 증가하기 시작하면 콘덴서의 전압이 커져 다시 전류는 제한된다. 그러므로 R-L-C 회로에서는 전류파형에 최댓값이 나타나는 것이 특징이라고 할 수 있다. 이러한 관계를 〈그림 8-5〉에 나타냈다.

여기까지 설명하면 독자 중에는 L과 C의 값을 바꾸면 전류가 최댓값에 이르기까지의 시간도 변한다는 것을 알아차린 분도 있으리라 생각된다. L의 값에 착안하여 L을 크게 하고 C를 크게 하면 최댓값이 나타나는 시간이 늦어지고, L을 작게 하고 C를 작게 하면 최댓값은 빨리 나타나게 된다. 또한 C의 값에 착안하여 C가 작아지는 데 따라 콘덴서의 전압은 빨리 커지고, C를 크게 하는 데 따라 전압은 완만하게 상승한다.

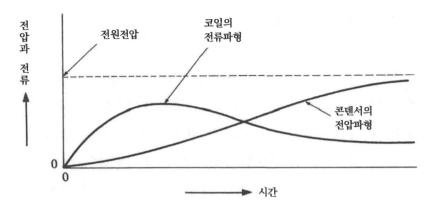

전압과 전류

전원전압

코일의
전류파형

콘덴서의
전압파형

0

0

시간

그림 8-5 | 큰 저항을 갖는 R-L-C 회로의 전류파형과 콘덴서의 전압파형

그런데 저항 R과 코일 L의 선택에 따라 초기의 전류가 상승하는 특성
이 정해진다고 했는데, 그 정도는 양쪽의 비 L/R의 값으로 나타난다. 이
값은 전문가들 사이에서 시상수(時常數)라고 부르고 있다. 이 시상수는 〈그
림 8-2(b)〉에 나타낸 바와 같이 전류가 상승하는 경향의 크기와 관계된다.
시상수가 작으면 경사가 급하고, 크면 완만하다. 이 시상수는 콘덴서 C와
저항 R의 경우에도 존재하며, 저항 R과 콘덴서 C의 곱 RC의 값으로 주어
진다. 그러한 사항이 〈그림 8-3(b)〉에 나타나 있다.

R-L-C 회로와 진동전류

이러한 현상을 조사하고 있으면 매우 기묘한 특성이 나타난다. 그 한 예를 제시해 보자. 〈그림 8-4〉의 R-L-C 회로에서 C의 값은 작게 하고 L 의 값은 크게 했을 경우를 설명해 보자. RC의 시상수가 작으므로 콘덴서 의 전압은 급속하게 상승하게 된다. 이에 반해 L/R의 시상수는 작아지므 로 코일을 흐르는 전류의 최댓값이 나타나는 시간은 느려진다. 이 회로를 흐르는 전류와 콘덴서 전압의 시간적 변화를 〈그림 8-6〉에 나타냈다. 이 특성은 실험으로 확인되어 있다. 그림을 자세히 보기로 하자. 콘덴서의 전압이 전원전압보다 크다는 것을 알아차렸을 것이다. 어째서 이런 현상

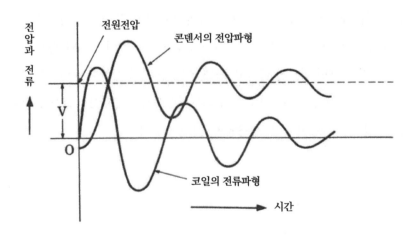

그림 8-6 | 큰 인덕턴스를 갖는 R-L-C 회로의 전류파형과 콘덴서의 전압파형

이 생길까. 이것은 전기에 대해 공부한 적 있는 독자라면 한번은 다루어 본 적이 있는 진동 현상인데, 이것을 전류의 흐름에 따라 설명하려면 그리 만만치 않다.

R-L-C 회로를 흐르는 전류가 최댓값에 이른 후, 급격하게 감소하기 시작함에도 불구하고 콘덴서의 전압은 더욱 상승하고 있다. 당연히 콘덴서에는 그 이전에 흐른 전류와 같은 방향으로 전류가 흐르고 있으므로 콘덴서의 전압은 더욱 상승하게 되는 것이다. 그러나 콘덴서의 전압이 상승하여 전원전압과 동등하게 된 후에도 같은 방향으로 전류가 계속 흐르고 있는 것은 무슨 까닭일까. 더욱 놀라운 것은 코일을 흐르는 전류가 0이 된 순간을 보면, 전류는 0의 위치에서 전류의 흐름이 멈추기는 고사하고, 그 순간부터 역방향으로 계속 흐르고 있다. 이런 현상은 왜 생길까.

전류가 역방향으로 흐르는 것은 물론 콘덴서의 전압이 직류전원의 전압보다도 크다는 점에서 그런대로 납득할 만한 사항이기는 하다. 콘덴서에서 전류가 흘러나오면 당연한 처사이지만 콘덴서의 전압은 작아지게 마련이다. 그런데 콘덴서 쪽에서 전류가 유출한다는 것은, 그 전류에 의해 코일에 발생하는 역기전력은 먼저와는 역방향이 된다. 이 역기전력의 방향은 전원전압과 동일한 극성이므로 전원 쪽의 직류전압에 코일의 역기전력이 가해지는 결과가 된다. 그러므로 이번에는 콘덴서 쪽에서 흘러나오는 전류가 제한을 받게 되는 것이다.

그런데 코일의 역기전력은 전류가 증가하려고 하면 이것을 제한하는 것처럼 발생하나, 같은 방향으로 흐르고 있는 경우에도 전류가 감소하면 감소한 분을 보충하는 것같이 역기전력이 발생한다. 코일에 음의 전류가 계속 흘러나가 음의 최댓값에 이른 후, 전류의 절댓값이 감소하기 시작하면 코일의 역기전력은 전원전압과 반대 극성이 된다. 그리고 전원전압에서 코일의 역기전력의 크기를 뺀 전압이 콘덴서의 전압과 일치하면 전류는 0이 된다. 전류가 0이 된 다음에는 콘덴서의 전압이 전원전압보다 낮아지므로 다시 전원에서 콘덴서로 전류가 흐르게 된다. 이러한 현상을 반복하면서 최종적으로는 콘덴서의 전압이 전원전압과 일치했을 때, 전류는 0이 되고 안정 상태에 이른다. 이러한 전류·전압의 특성은 회로에 전압을 가한 후 안정 상태에 이르기까지의 일이며 이러한 단시간 내에 일어나는 일을 과도현상이라고 부른다.

L-C 회로에서 생기는 기묘한 현상

R-L-C 회로에 직류전압을 가하는 것만으로도 〈그림 8-6〉같이 전류가 진동하는 일이나 콘덴서의 전압이 진동하는 현상이 일어난다. 그러나 전류파형은 복잡하게 변화하고 있으므로 반드시 명쾌하게 이해되지 못할지도 모르겠다. 이 기묘한 현상을 다른 예를 인용하여 좀 상세하게 설명해 보자.

직류전원도 저항도 포함하지 않는 콘덴서와 코일을 직렬로 접속한 〈그림 8-7(a)〉 같은 간단한 전기회로를 다루기로 하자. 단, 콘덴서는 이미 전하 Q를 비축하고 있는 것으로 한다. 이때 콘덴서의 전기용량 (capacitance)을 C로 하면, 콘덴서의 전압은 콘덴서의 전하량 Q를 전기용량 C로 나눈 V(=Q/C)가 된다. 이 상태에서 스위치 S를 닫으면 콘덴서에 고여 있던 전하는 전기저항이 0인 코일을 흘러 큰 전류가 흐른다. 이 순간적인 큰 전류에 의해 코일에 역기전력이 발생하므로 전류는 바로 흐르기 어렵게 된다. 이때 콘덴서의 전압이 감소하는 상태와 코일을 흐르는 전류의 변화를 동시에 관측하면 〈그림 8-7(b)〉같이 진동한다.

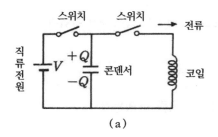

(a)

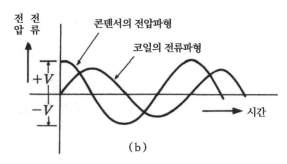

(b)

그림 8-7 | L-C 회로와 진동전류:

(a) 회로도 (b) 콘덴서의 전압 파형과 코일의 전류파형

이때 주목되는 것은 진동하고 있는 콘덴서의 전압도, 코일을 흐르고 있는 진동전류도 최댓값은 시간이 경과해도 변하지 않는다는 점이다. 이 경우에 콘덴서의 전압과 코일을 흐르는 전류가 음으로 되는 기묘한 현상도 일어난다.

이 현상은 앞에서도 이야기한 것같이 얼핏 보기에는 간단한 것으로 생각하기 쉬우나, 다시 검토하면 잘 이해되지 않는 점이다. 이것은 콘덴서에 고여 있던 전하가 전류로서 코일에 흘러 자기장의 에너지로서 공급되는 것과 관계된다. 또한 반대로 코일에 고여 있던 자기장의 에너지가 콘덴서에 공급되므로 생기는 현상이다. 그러나 콘덴서의 전압이 음으로 되거나 전류가 역으로 흐르는 현상은 납득하기 어렵다.

진동전류는 영구히 계속 흐를 수 있는가

그러므로 이 현상을 전류의 흐름으로 규명해 보기로 하자. 〈그림 8-7 (a)〉의 회로에서, 콘덴서에서 코일로 전류가 흐르는 과정에서 콘덴서의 전압이 〈그림 8-7(b)〉에 나타낸 것같이 0으로 되는 곳을 주목하기 바란다. 당연히 이때는 코일 양 끝의 전압은 0이다. 콘덴서의 전압도 코일의 전압도 모두 0인데 어떻게 회로에 전류를 계속 흐르게 할 수 있을까.

콘덴서의 에너지는 콘덴서에 전압이 가해지는 때에만 존재하는 것이므로 전압이 0으로 된 순간에는 콘덴서의 내부 분극작용도 해소되어 에너지는 0으로 된다. 따라서 이때 회로에 전류가 계속 흐를 수 있다면, 그 원천은 코일 주변에 존재하고 있는 자기장의 에너지뿐이다. 그렇다면 자기장의 에너지는 어떻게 콘덴서에 계속 전류를 흐르게 할 수 있을까.

콘덴서의 전압이 0일 때, 코일에는 최대의 전류가 흐르고 있다. 같은 방향에 같은 크기의 전류가 계속 흐르므로 비로소 자기장의 에너지는 보존된다. 그러나 콘덴서의 전압이 0으로 된 다음에는 전류는 흐를 수 없다. 그러므로 코일은 자기장의 에너지를 흐트러뜨리고 계속 전류를 흐르게 한다. 이때, 이 전류에 의해서도 코일에는 역기전력이 발생하므로 유념할 필요가 있다. 코일에 발생하는 역기전력(전압)의 방향은 콘덴서가 최초에 유지하고 있던 전압의 방향과 반대가 된다. 따라서 콘덴서에는 최초의 전압과 반대 극성의 전하가 축적된 것 같은 전류가 흐르게 된다.

이렇게 자기장의 에너지가 모두 흐트러졌을 때 콘덴서에는 최초의 전압과 절댓값이 같고 또한 극성이 반대인 상태에서 전기장의 에너지가 축적된다. 이번에는 반대로 콘덴서에 축적되었던 전기장의 에너지에 의해 코일에 전류가 흐르게 된다. 이때 흐르는 전류의 방향은 최초 콘덴서에서 코일로 흐른 전류의 방향과 반대가 된다. 이 전류에 의해 코일에는 자기장의 에너지가 축적된다.

콘덴서의 전압이 0이 된 순간을 보면 콘덴서에는 전하를 방출하는 에너지가 없어지고, 이번에는 코일에 고여 있는 자기장의 에너지를 흐트러뜨리므로 전류는 계속 흐르게 된다. 이때 코일에 발생하는 전류의 방향은 그때까지 코일을 흐르고 있던 전류와 같은 방향이 되므로 콘덴서는 처음에 전하가 비축되었던 상태로 다시 돌아가게 된다. 자기장의 에너지가 모두 콘덴서로 공급되면 자기장의 에너지는 0이 되는 것과 동시에 콘덴서는 처음에 전하가 축적되어 있던 상태로 된다.

이렇게 콘덴서와 코일 간에는 같은 에너지를 주거니 받거니 하면서 전류의 흐름이 영구히 계속된다. 그러나 회로 내부에 저항이 없다는 것을 전제로 하고 있다는 데 유념하기 바란다. 이것으로 드디어 콘덴서의 전압이 반대로 되고, 진동전류가 흐르는 까닭을 이해했으리라 믿는다.

저항이 전기를 흡수한다

그러면 〈그림 8-7(a)〉의 회로에 저항 R을 개입시키면 어떠한 전류가 흐르게 될 것인가. 〈그림 8-8(a)〉가 그 모델이다.

우선 콘덴서에 전하 Q가 축적되어 있는 상태에서 스위치 S를 닫으면 코일에 전류가 흐르는데 그 구조는 〈그림 8-7(b)〉와 같다. 그러나 먼저 것과 다른 점은 저항이 존재하고 있다는 것이다. 이 저항 속을 전류가 흐르면 줄열이 발생하여 콘덴서의 에너지 일부는 저항으로 소멸된다. 따라서 코일에 비축되는 자기장의 에너지는 처음 콘덴서에 비축되어 있던 전기장의 에너지보다 적어진다.

이번에는 코일에 비축된 자기장의 에너지가 콘덴서에 공급되는 경우에도 저항에 의한 줄열 분만큼 에너지를 소모한다. 그러므로 콘덴서의 전압은 처음의 전압 크기(단 반대극성)로는 되지 않는다.

이처럼 전류가 콘덴서와 코일을 교대로 흐르는 동안에 저항으로 줄열 손실이 발생하여 항상 에너지가 소모된다. 곧이어 콘덴서에 체류되어 있던 전기 에너지는 저항으로 소모된다. 그러한 상태를 〈그림 8-8(b)〉에 나

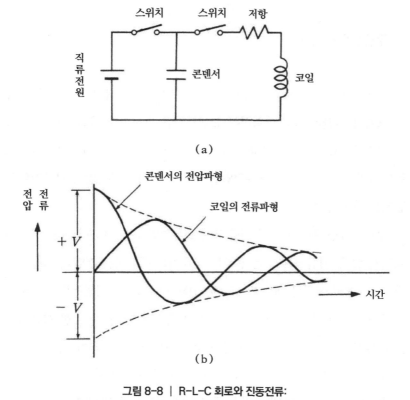

（a）

（b）

그림 8-8 | R-L-C 회로와 진동전류:

(a) 회로도 (b) 전압과 전류가 감쇠하고 있는 진동파형

타냈다. 즉, 전류도 전압도 시간과 함께 진동하고 있으나 최댓값은 시간의 경과와 함께 감소한다는 것을 알 수 있다. 이때 최댓값을 점선으로 연결하면 그림에서 보는 것같이 감소한다. 이 곡선은 저항과 콘덴서의 곱으로 결정되는 시상수 RC의 값과 일치하는 것이 특징이다. 이상으로서 직류전압을 R-L-C 회로에 가했을 때의 전류에 대해 해명했다.

교류전류와 저항

직류전압을 회로에 가한 것만으로도 이 정도로 복잡하게 되는데, 전압의 크기가 시간에 따라 변화하는 교류전압을 가하거나 하면 더욱 다루기가 어렵게 되는 것은 틀림없을 것이다. 그러므로 전기저항, 코일 그리고 콘덴서의 개개의 소자에 교류전압을 가했을 때의 교류전압과 교류전류의 관계를 설명해 보자.

우선 〈그림 8-9(a)〉같이 저항 R에 교류전압 ν를 가하면 어떤 전류가 흐르게 될까. 저항에 흐르는 전류는 교류이든 직류이든 전압에 비례하는 것은 6장에서 설명한 대로다. 〈그림 8-9(b)〉는 그 대표적인 전압 · 전류파형이다. 전압파형 ν와 전류파형 i는 서로 비슷한 모양이며 또한 시간적으로도 동기(同期)라는 것을 알 수 있다. 이때 저항을 흐르는 전류는 어느 순간의 전압 크기를 저항으로 나눈 값이다. 이것은 저항 양 끝의 전압은 흐른 전류의 크기와 저항의 크기를 곱한 값과 같다는 옴의 법칙으로도 밝혀

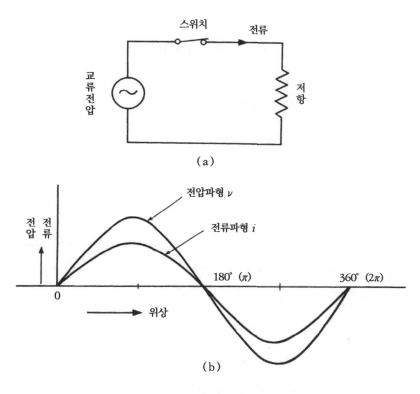

스위치

전류

교류
전압

저
항

(a)

전압파형 ν

전류파형 i

전
압
전
류

180° (π)

360° (2π)

0

위상

(b)

그림 8-9 | 저항에 교류전압을 가했을 때의 전류파형:

(a) 회로도 (b) 전압과 전류의 파형

진다. 전원의 전압이 정현파이면 저항을 흐르는 전류의 파형도 정현파가
된다.

그런데 교류파형의 1주기를 360도로 분할하면 전압의 각 순간의 크
기는 각도의 값을 사용해 나타낼 수 있다. 360도는 라디안으로 표시하면

2π이므로 1주기를 n등분하면 각 단위각도는 $2\pi/\pi$라디안이다. 이 각도는 위상(位相)이라고도 한다. 그런 뜻에서 저항의 경우, 전압과 전류의 위상이 일치한다고도 말할 수 있다. 그러므로 2π의 정수배에 대응한 시간에서의 전압과 전류는 항상 동일한 파형이 된다.

교류전류와 코일

그렇다면 〈그림 8-10(a)〉같이 코일에 교류전압을 가하면 어떤 전류가 흐를까. 코일에 전압을 가하면 코일의 전기저항은 0이므로 큰 전류가 흐를 수 있다. 그러나 코일에는 전류의 변화에 비례한 역기전력이 발생하므로 전류의 흐름은 억제된다. 이 현상을 설명하는 데는 〈그림 8-6〉에서 설명한 것같이 전류의 흐름을 도해적으로 나타낼 수도 있으나 대단히 복잡해진다. 그러므로 다른 관점에서 진동전류의 현상을 이해할 수 있는 방법을 생각해 보기로 하자.

여기에서, 코일에 가한 전압을 정현파라고 하자. 이때 코일에 발생하는 전압의 크기는 그림에 나타낸 것과 같이 전원의 교류전압과 같다. 이 사실을 근거로 하여 전류파형을 유도할 수도 있을 것이다. 코일의 전압은 코일을 흐르는 전류의 시간적 변화에 비례하므로 전류의 미분값에 비례한다. 역으로 전류의 크기는 코일 양끝의 전압(전원전압에 비례한다)의 시간적 변화를 적분하면 얻을 수 있다.

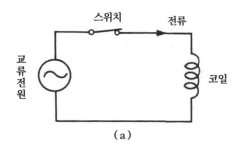

(a)

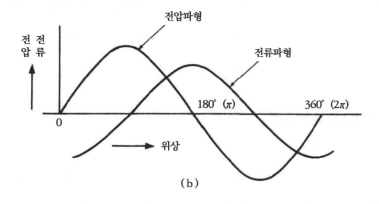

(b)

그림 8-10 | 코일에 교류전압을 가했을 때의 전류파형:

(a) 회로도 (b) 전압과 전류의 파형

전압의 시간적 변화를 적분한다는 표현을 쓰면, 무엇인가 어려운 말을 하고 있는 것처럼 생각할지 모르나 원래 적분한다는 것은 변화하고 있는 극소한 양을 합치는 것을 말한다. 정현파형을 적분하면, 여현파형이 되는 것은 고등학생이라면 누구나 알고 있으리라 본다. 또한 여현파형은 $\pi/2$

의 위상을 움직이는 것만으로도 정현파형으로 다시 그려질 수 있다는 것도 알고 있으리라 본다. 이때의 전압과 전류의 관계를 도해적으로 나타낸 것이 〈그림 8-10(b)〉이다. 즉 코일에 흐르는 전류의 파형은 전압파형보다 위상을 $\pi/2$만 움직이면 나타낼 수 있다.

원래 코일을 흐르는 전류는 역기전력의 작용에 의해 흐르기 어렵게 되므로 전류가 전압보다 시간적으로 늦어지는(위상도 같다) 사실로서도 추정할 수 있는 사항이다. 이상의 설명으로 정현파형의 교류전압을 코일에 가하면 위상이 $\pi/2$ 늦어진 정현파가 되는 것은 이해했으리라 본다.

교류전류와 콘덴서

그러면 〈그림 8-11(a)〉와 같이 콘덴서에 교류전압을 가하면 어떤 전류가 흐를까. 콘덴서의 전압은 흐른 전류를 합친 값이 되므로 전류를 적분한 값과 같다. 코일의 경우와 같이 콘덴서의 전압과 전원의 교류전압이 같다는 조건을 적용하면 전류는 전압파형을 미분함으로써 얻을 수 있다.

이 경우도 미분이란 말을 쓰고 있는데 미분이란 어떤 양에서 극소한 양을 연속적으로 빼는 것을 말한다. 정현파형을 미분하면 역시 여현파형이 된다. 단 코일의 경우와는 위상이 반대로 된다. 〈그림 8-11(b)〉는 그러한 상태를 나타낸 것이다.

〈그림 8-11(a)〉에서 흐르는 전류에 주목하기 바란다. 이 전류가 콘덴

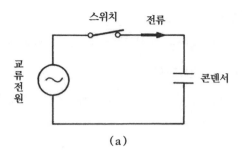

스위치   전류

교류전원

콘덴서

(a)

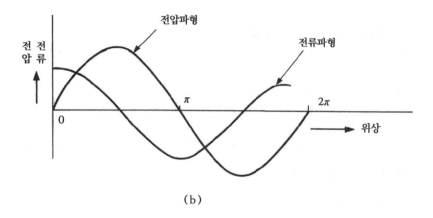

전압 전류

전압파형

전류파형

0   π   2π

위상

(b)

그림 8-11 | 콘덴서에 교류전압을 가했을 때의 전류파형:

(a) 회로도 (b) 전압과 전류의 파형

서에 비축하게 되니 전류가 감소하고 있는 곳에서도 전류의 흐름이 양의 방향인 한 콘덴서의 전압은 항상 상승을 계속하게 된다. 전류가 최댓값에서 감소하여 0이 되었을 때, 콘덴서의 전압은 최댓값이 될 것이다. 전류의 흐름이 음의 방향으로 되면 콘덴서의 전압은 서서히 감소하기 시작한다.

이러한 사실로 전류의 위상이 전압의 위상보다도 먼저 최댓값이 나타나 위상이 진행한다는 것은 알았을 것이다. 즉 전류의 위상이 전압의 위상보다 $\pi/2$ 앞선 정현파상의 전류파형이 된다.

이상으로 저항, 코일, 콘덴서의 각각에 교류전압을 가했을 때의 전압과 전류의 관계는 분명해졌다.

교류전류가 흐르는 전기회로

다음에는 각각의 소자를 접속한 R-L-C 회로에 교류전압을 가하면 어떤 전류가 흐르게 될 것인가 알아보자.

R-L-C 회로에 직류전압을 가하는 것만으로도 진동전류가 나타나는데, 전원전압이 진동하고 있으면 더욱 복잡한 파형이 된다. 그렇지만 전원전압의 진동수와 코일 L과 콘덴서 C에 의한 진동수(에너지의 주고받기의 주기)가 같은 경우에는 비교적 간단하다. 그 까닭은 최초 전원에서 L-C 회로에 전류가 흐르지만 즉시 전류가 거의 흐르지 않게 되기 때문이다. 그것은 일단 콘덴서에 전기장 에너지가 공급되면 그다음에는 이 에너지를 콘덴서와 코일에서 주거니 받거니 할 뿐이지, 전원에서 에너지를 공급할 필요가 없기 때문이다. 이 현상은 〈그림 8-7〉에서 설명한 전류의 주고받기 현상과 같은 것이며 직렬공진(直列共振)이라고 불린다. 그 결과 코일과 콘덴서로 이루어진 회로의 저항은 등가적으로 무한대가 된 현상이 나타난다.

코일과 콘덴서를 병렬로 접속한 회로에 대해서도 같은 공진현상을 일으킬 수 있다. 이 현상은 병렬공진(竝列共振)이라 한다.

임피던스와 전기저항의 상호관계

전원이 되는 교류전압의 진동수와 코일 L과 콘덴서 C에 의한 진동수가 다를 경우에는 전류가 흐르는 상태를 간단히 해석하기란 쉬운 일이 아니다. 그러나 지금으로부터 약 80년 전에 미국의 켄넬리(Arthur Kennelly, 1861~1939)는 수학의 복소수(複素數)를 교류전기회로에 도입하여 교류전류 현상을 벡터(vector) 기호를 사용하여 이론적으로 해명하는 데 성공했다. 그리고 저항, 코일, 콘덴서로 구성되는 교류저항을 임피던스(impedance)라고 명명했다.

그 결과 지금은 교류회로의 현상은 모두 수학적으로 해명할 수 있게 되었다. 이전까지만 해도 많은 사람들이 전기현상을 이해하기 어려운 현상으로 여겼던 것도 그러한 해명 방법이 없었던 것이 하나의 원인이었을지도 모른다.

이러한 전압·전류현상도 그 후 전압·전류의 파형을 브라운을 통해 관측할 수 있게 되면서 전기현상을 수학적으로 풀지 않아도 쉽게 이해할 수 있게 되었으며, 여러 사람들이 교류현상을 친숙한 현상으로서 다룰 수 있게 되었다.

키르히호프가 생각한 법칙

끝으로 저항, 코일, 콘덴서 그리고 전원에서 생긴 전기회로의 전류현상을 지배하는 법칙에 대하여 간단히 언급하기로 한다. 전기회로에 관한 법칙에는 앞에서 설명한 옴의 법칙 이외에도 키르히호프(Gustav Robert Kirchhoff, 1824~1887)의 법칙이 있다. 이 법칙에는 키르히호프의 제1법칙과 제2법칙이 있다.

제1법칙은 "전기회로의 한 점에 유입되는 전류의 총합은 유출되는 전류의 총합과 같다"는 법칙이다. 그렇다면 〈그림 8-12〉같이 3개의 저항 R_1, R_2, R_3를 병렬로 접속한 회로에 직류전압을 가한 전기회로를 자세히

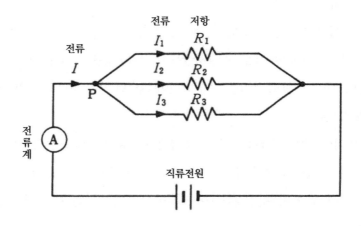

그림 8-12 | 저항을 병렬로 접속한 회로

186

보기로 하자. 각각의 저항에 흐르는 전류의 크기를 I_1, I_2, I_3로 하면 전지에서 유출되는 전류 I는

$$I = I_1 + I_2 + I_3$$

로 나타낼 수 있다. 이 관계식은 저항이 접속된 한 점 P에서 성립된다. 즉 P점에 유입되는 전류 I와 유출되는 전류의 보탠 값($I_1 + I_2 + I_3$)은 같다는 것이다.

이 법칙의 정확성 여부를 실험적으로 또한 엄밀하게 증명하기란 어렵다. 그러므로 P점에 유입되는 전류 I의 크기와 유출하는 전류의 크기($I_1 + I_2 + I_3$)가 같지 않다면 어떤 현상이 생길까를 검토함으로써 밝혀낼 수 있을지 모른다.

가령 한 점 P에 전하의 최소 단위인 전자 1개가 남아 있다고 가정하자. 이때 P점에 전기가 고이는 지표로서 콘덴서의 용량 C가 사용된다. 수학의 정의에 의하면 점이란 위치가 있고 크기가 없는 양이다. 전기를 비축할 수 있는 구(球)의 용량 C는 구의 반지름에 비례하므로 반지름이 0인 점의 전기 용량은 0이다. 용량이 0인 장소에 전자 1개를 배치했다면 어떠한 현상이 생길까.

전하를 용량으로 나눈 값이 전압이라고 정의되어 있으므로 전자의 전하가 아무리 작은 양(1.6×10^{-19}쿨롱)이라도 전자의 전하를 용량 0으로 나누면 점의 전위는 무한대가 된다. 전기현상은 물리학의 일부이며 물리학은 유한의 양을 다루는 학문이므로, 한 점에 전하가 고인다고 가정하면 물리학을 부정하는 것이 된다. 따라서 처음에 P점에 전자 1개에 해당하는 전

하가 고인다고 가정한 것은 틀렸다는 것을 알게 된다. 즉 한 점에 유입되는 전류와 유출되는 전류는 같다.

이러한 사실로서 제1법칙의 정당성이 증명된다. 물론 이 법칙은 수학적으로도 입증되었으나 여기서는 생략한다.

키르히호프의 제2법칙

그러면 키르히호프의 제2법칙이란 어떤 법칙인가. 이것은 몇 개의 전지와 몇 개의 저항을 각각 직렬로 결합한 하나의 닫힌 전기회로에서 '회로 중에 존재하는 전지의 기전력의 총합(전압의 방향을 고려하여 가하는)은 저항에 의한 전압강하(저항과 전류를 곱한 값)의 총합의 크기와 같다'라는 법칙이다.

〈그림 8-13〉이 그 모델이다. 예로서 3개의 저항 R_1, R_2, R_3가 직렬로 접속된 데에 전압 V의 전지를 가한 회로에 대해 알아보기로 하자. 각각의 저항을 흐르는 전류는 같으므로 그 값을 I로 하면 다음과 같은 관계식이 성립된다.

$$V = R_1 I + R_2 I + R_3 I$$

여기서 $R_1 I$, $R_2 I$, $R_3 I$는 각각의 저항에 의한 전압강하다. 이 전압강하는 분류의 흐름을 저지하고자 하는 양으로서 전류와 저항을 곱한 값으로 얻는다. 따라서 이 양은 생각하기에 따라서는 역기전력과 등가라고 할 수 있다. 〈그림 8-13〉같이 역기전력의 방향을 화살표로 나타내면 이 법칙은

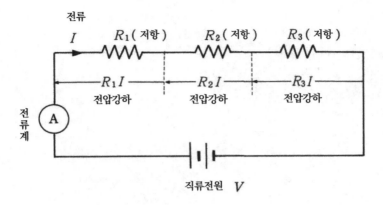

전류
I R_1 (저항) R_2 (저항) R_3 (저항)

$—R_1 I—$ $—R_2 I—$ $—R_3 I—$
전압강하 전압강하 전압강하

전류계 A

직류전원 V

그림 8-13 | 저항을 직렬로 접속한 회로

이해하기 쉽다.

〈그림 8-12〉와 〈그림 8-13〉에서 설명한 것처럼 전지와 직류 저항만을 사용하여 키르히호프의 2개의 법칙을 설명했으나, 교류전압과 임피던스를 사용한 교류회로에서도 이 법칙이 성립된다는 것은 그 후의 연구로 밝혀졌다.

9장

진공관이나 트랜지스터를 포함한
전기회로

9
진공관이나 트랜지스터를 포함한 전기회로

진공관의 발명

1879년에 발명된 전등은 진공으로 되어 있는 유리관 속에 길고 가느다란 탄소선을 배치하고 여기에 전류를 흐르게 하여 발생하는 빛을 이용했다. 이것이 백열전구의 시초다. 이것은 가느다란 탄소선으로 된 저항에 직류전류를 가한 가장 간단한 전기회로다.

그런데 전구를 발명한 에디슨은 전구를 연구하던 중 유리구의 표면이 검게 되는 이상한 현상을 발견했다. 그 후 이 현상은 백색으로 빛나고 있는 탄소선의 표면에서 탄소분말이 증발하여 유리에 부착된 것이란 것을 밝혀냈다. 그래서 에디슨은 탄소분말이 유리 표면에 부착되지 않도록 탄소선 가까이에 금속판을 배치할 것을 생각했다. 이 실험을 하고 있던 에디슨의 제자 플레밍은 탄소선과 금속판 사이에 전류가 흐르는 것을 발견했다. 또한 금속판을 양극으로 하면 전류가 흐르지만 음극으로 하면 흐르지 않는다는 것도 발견했다.

탄소선을 가열하여 그것을 음극으로 사용하는 경우에는 그 표면에서 전자가 방출되어 양극성의 금속판 전극을 향해 이동한다. 이것에 반하여 가열되어 있지 않은 금속판을 음극으로 사용한 경우에는 전자는 금속판에서 튕겨 나올 수 없어 전자는 음극과 양극 사이를 흐를 수 없게 된다. 즉 금속판의 온도가 낮으면 금속 내의 전자는 금속 표면에서 자유 공간으로 탈출할 수 없는 것이다.

이러한 사실을 통해 가열된 금속 표면에서 방출되는 전자를 열전자(熱電子)로 부르게 되었다. 이 실험 결과에서 암시를 얻은 플레밍은 2극 진공관을 발명했다. 2극 진공관은 진공으로 되어 있는 유리관 안에 평판상의 음극과 양극이 평행하게 배치되고, 음극판의 뒤쪽에는 텅스텐선이 내장된 구조로 되어 있다. 이 텅스텐선에 전류를 흐르게 함으로써 음극판을 가열하여 다량의 열전자를 방출할 수 있게 한다.

이러한 상태에서 양쪽 전극 간에 교류전압을 가하면 가열된 전극판이 음극으로 되었을 때만 전극 간에 전류가 흐른다. 이것이 교류를 직류로 변환하는 진공관의 정류작용이다. 또한 이러한 사실로서 플레밍은 진공 속에서도 전류가 흐른다는 것을 발견했다.

3극 진공관의 증폭작용

금속을 가열하면 열전자가 자유공간으로 튕겨 나갈 수 있으나 가열하지 않으면 왜 전자는 튕겨 나갈 수 없을까. 여기서는 전류의 증폭작용이 있는 3극 진공관을 소개하지만 그것에 앞서 우선 기본적인 현상부터 생

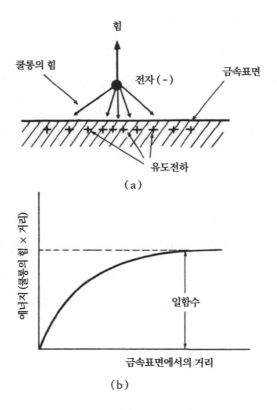

힘

쿨롱의 힘

전자 (-)

금속표면

유도전하

(a)

에너지 (쿨롱의 힘 × 거리)

일함수

금속표면에서의 거리

(b)

그림 9-1 ㅣ 금속 표면의 전자 위치와 일함수:

(a) 전자에 의한 정전기 유도 전하
(b) 금속 표면에서의 거리와 전자의 에너지

각하기로 하자.

〈그림 9-1(a)〉같이 1개의 전자가 금속 표면에서 자유공간으로 근소하게 튕겨나갔을 때의 상태를 생각해 보자. 이때, 금속 표면에는 3장에서 설

명한 정전기유도 작용에 의해 양전하가 유도된다. 이 양전하와 전자 사이에는 쿨롱의 힘이 작용하게 된다. 여기서 주의해야 할 점은 금속 표면에 유도된 전하량은 전자의 전하량과 동일한 양이라는 것이다. 따라서 공간으로 탈출한 전자는 금속 표면으로 끌어당기려는 쿨롱의 힘을 받게 된다. 이 전자가 자유전자로 되기 위해서는 쿨롱의 힘을 능가하여 힘이 미치지 않는 곳(자유공간)으로까지 이동할 필요가 있다. 그러기 위한 에너지를 공급하기 위해 금속을 가열할 필요가 있는 것이다.

금속 내의 전자가 금속의 영향이 미치지 않는 거리까지 튕겨나가는 데 필요한 에너지를 일함수라고 부른다. 〈그림 9-1(b)〉는 금속 표면에서의 거리와 전자가 거기까지 튕겨나가는 데 필요한 에너지의 관계를 나타낸 것이다. 여기에서 세로축이 에너지, 가로축이 금속 표면부터의 거리다. 이 현상이 밝혀진 것은 전자의 존재가 실험적으로 증명되고 나서 약 9년의 세월이 흐른 1906년의 일이었다.

그런데 2극관 속의 음극과 양극 사이에 직류전압을 가했을 때 양쪽 전극 사이를 흐르는 전류를 측정하면 이 전류는 양쪽 전극 사이에 가하는 전압에 비례하지 않는다는 사실이 발견되었다. 이것은 음극의 표면에서 방출된 열전자가 음극 표면 근방에 모이기 위해서 생기는 현상이다. 이때 음극에서 자유공간에 방출된 전자 무리(群)는 계속해서 음극에서 방출되는 전자가 이탈하기 어렵게 되도록 작용한다.

그런데 미국의 포레스트는 음극 근방에서 전자가 고일만한 곳에 그물 모양의 금속 전극을 놓고 이 전극을 양극화함으로써 음극 근방에 고이는

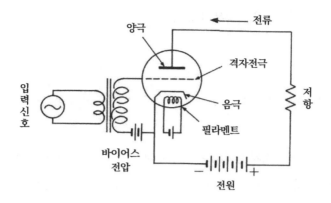

입력신호

양극

전류

격자전극

음극

필라멘트

저항

바이어스
전압

전원

그림 9-2 | 3극 진공관과 전기회로

자유전자를 제거할 생각을 했다. 즉 음극에서 방출된 자유전자가 그물 모양의 전극에 끌리며 그물눈을 통과할 수 있도록 한 것이다. 이 전극은 구멍이 열린 격자 모양이므로 격자전극이라 불린다. 그 결과 전극에 가하는 전압을 양 혹은 음으로 하는 것에 따라 양극을 흐르는 전류를 크게 하거나 작게 할 수 있다. 이것이 3극 진공관이다.

포레스트에 의해 발명된 3극 진공관이 전기회로에 개입되어 있는 상태를 〈그림 9-2〉에 나타냈다. 이 3극 진공관은 양극, 음극 그리고 격자전극으로 이루어져 있다. 격자전극은 음극의 바로 곁에 음극을 둘러싸는 것같이 배치되어 있다. 양극과 음극 사이에 높은 전압을 가하면 음극 표면에서 방출되는 전자는 양극으로 향하게 된다. 이때 음극과 양극 중간에 그물 모양의 격자전극이 있어도 전압이 가해져 있지 않으면 전자전류의 크기는 격자전극이 없는 경우와 같다.

음성전류를 증폭한다

3극 진공관의 격자전극에 음성(音聲)파형에 비례한 전압을 가하면 양극전류를 증대시키거나 감소시킬 수 있다. 이때 흐르는 전류는 음성과 동일한 파형을 이루나 이 전류가 양극 쪽의 저항을 흐르게 되고 저항단자에는 격자전극에 가해진 전압의 몇 배나 큰 전압이 생기게 된다. 이 경우 양극의 전류가 흐르는 전기회로에 접속되어 있는 저항 대신에 소형변압기(트랜스)를 사용하여 그 1차 측에 음성파형에 비례한 양극전류를 흐르게 하면 2차 측에는 음성과 동일한 파형의 전압이 발생하게 된다. 이 전압을 스피커의 코일에 유도하면 큰 음성이 재생된다.

양극에 큰 전류를 흐르게 할 필요가 있을 경우에는 음극에서 다수의 전자전류를 방출해야 한다. 그러므로 2극관의 경우와 같이, 음극의 뒤쪽에 가열선(텅스텐선)을 배치하여 음극에서 많은 열전자가 방출되는 구조가 사용되고 있다. 그 결과 입력신호가 1볼트라도 출력신호는 100V 이상의 신호전압을 발생시키는 것이 가능해졌다. 즉, 음성의 신호전압이 100배로 증폭되는 결과가 되는 것이다.

양극 쪽의 전류를 어떠한 형태로 발생시키는가에 따라 전류를 증폭시키거나 전압을 증폭시키는 것이 자유롭다.

전파에서 음성신호를 발생시킨다

전파를 송수신하는 데 진공관이 사용된다고 했는데 진공관에는 정류작용, 증폭작용 이외에 변조작용, 검파작용이 있다. 그러므로 전파란 다음 장에서 설명하는 것같이, 전기장과 자기장으로 구성된 파가 자유공간으로 전해지는 현상이므로 그 주파수가 높아지면 멀리까지 전해지는 특징이 있다. 이 전파는 정보를 그대로는 전할 수가 없다. 그러므로 주파수가 높은 전파에 음성신호를 겹치는 것을 생각하게 되었다. 이 전파는 음성신호를 전파(傳播)하는 보조작용을 하므로 반송파(搬送波)라고도 불린다. 음성신호를 반송파에 싣는다는 것은 반송파의 진폭의 크기를 음성신호와 동일한 파형으로 변환하는 일이다. 이것이 진공관의 변조작용이다.

반송파를 변조하는 데는 여러 가지 방법이 있는데 가장 간단한 방법을 설명하기로 하자. 3극 진공관 속에 네 번째의 격자전극을 배치한 4극 진공관을 상상해 보자. 하나의 격자 전극에 높은 주파수의 반송파 전압을 그리고 다른 격자전극에 음성신호에 비례한 전압을 가하게 되면 진폭이 변조된 반송파의 전류가 양극 쪽을 흐르게 된다. 이 전류를 안테나에 보내면 안테나에서 음성신호로 변조된 반송파가 전파로 되어 복사된다.

이 반송파를 수신하면 그 속에는 음성신호가 진폭의 크기로서 포함되어 있는 셈이다. 그러면 음성신호로 변조되어 있는 전파에서 어떤 방법으로 음성신호만을 발생시킬 수 있을까. 음성신호가 실려 있는 전파의 전압을 2극 진공관의 양극과 음극 사이에 가하면 신호전압이 양극성으로 되었을 때 한해 전류가 흐른다. 즉 신호전압의 진폭에 비례한 전류만을 발생시킬 수 있다. 이것이 검파작용이다.

트랜지스터의 발명

제2차 세계대전이 끝날 무렵인 1945년, 미국의 벨연구소의 쇼클리(W. B. Shockley)는 바딘(J. Bardeen), 브래튼(W. H. Brattain) 등과 진공관의 증폭작용과 동일한 특성을 갖는 고체반도체를 우연히 발견했다. 대전 중에는 정보의 전달 수단에 사용되었던 전파를 수신하기 위해 게르마늄이나 실리콘의 반도체가 사용되었으나 그 전기 특성을 향상시키기 위해서 반도체의 기초 연구를 하고 있을 때의 일이었다. 이것이 1947년에 발명된 트랜지스터의 시작이다. 그 후의 연구에 의해 고성능 반도체가 개발되어 그때까지 널리 사용되고 있던 진공관은 차차 트랜지스터로 대체되었다.

〈그림 9-3〉은 쇼클리 등에 의해 발명된 초기 트랜지스터의 개념도다. 이것은 〈그림 9-2〉에 나타낸 3극 진공관의 음극과 격자전극의 작용을 겸비한 이미터(emitter)라 불리는 바늘전극, 양극의 작용을 하는 콜렉터(collector)라 불리는 바늘전극, 그리고 전하를 공급하는 베이스(base)로 이루어져 있다. 그 후 트랜지스터는 뒤에서 설명하는 것같이 전자 과잉의 n형 반도체와 홀 과잉의 p형 반도체를 조합하여 이루어져 있다는 것도 알게 되었다.

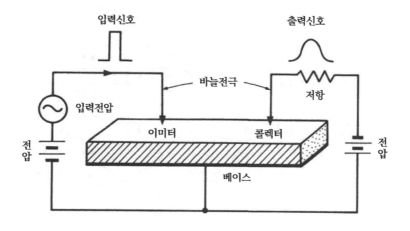

입력신호

출력신호

입력전압

바늘전극

저항

전압

이미터

콜렉터

전압

베이스

그림 9-3 | 쇼클리가 고안한 트랜지스터 모

　반도체의 대부분은 주기율표의 4족에 속하는 실리콘이나 게르마늄 중 하나의 원소에 의한 결정체를 근간으로 하여 만들어져 있다. 이 결정체는 가해지는 전압(전기장이라고 하는 것이 좋다)이 낮으면 절연물로서 작용하고, 높으면 절연물로서의 성질은 없어지고 도체로서의 특성이 나타난다. 이 성질로 실리콘의 결정체에 대해 설명하기로 하자.

　다수의 실리콘 원자가 결합하면 결정체가 된다. 이 결정체는 원래 3차원이나 편의상 〈그림 9-4〉에서는 2차원으로 나타냈다. 실리콘 원자는 〈그림 6-1〉에 나타낸 원자모델에 따르면 최외각인 M궤도에 4개의 전자가 존재하는 구조를 하고 있다.

　이 원자는 그 주위에 존재하는 4개의 실리콘 원자와 서로 1개의 전자

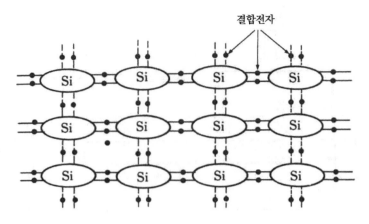

결합전자

그림 9-4 | 실리콘 반도체의 모델

를 내놓아 결합하는 성질이 있다. 그 결과 1개 원자의 최외각에는 〈그림 9-4〉같이 겉보기에 8개의 전자가 소속하게 되고 원자는 서로 에너지 면으로 안정한 상태를 이룬다. 이처럼 서로 같은 수의 전자를 내놓고 결합하는 것을 공유결합이라 한다. 실리콘이나 게르마늄같이 주기율표의 4족에 속하는 원소로 된 결정체는 공유결합하는 특징이 있다.

이 경우 원자 간의 결합력은 관습상 에너지의 크기로 나타낸다. 그것에 의하면 실리콘 결정체의 결합력은 0.8전자볼트, 게르마늄은 1.1전자볼트다. 이러한 값은 후에 설명하는 n형 반도체, p형 반도체에 비교하여 30배나 큰 것으로 실리콘, 게르마늄으로 만든 단체(單體)의 결정체는 진성(眞性)반도체라 불리고 있다. 참고로 절연체의 결합력은 6~7전자볼트로서 진성반도체보다 6~7배나 크다. 1전자볼트가 원자·분자의 규모가 되면 대단히 큰 에너지가 된다는 것은 6장에서 설명했다.

n형 반도체

실리콘 또는 게르마늄의 진성반도체를 만드는 과정에서 주기율표의 5
족의 원소를 미량 가하면 진성반도체보다 저항이 작은 물질을 만들 수 있
다. 이처럼 미량의 불순물을 첨가하는 것을 도핑(doping)이라 한다. 〈그림
9-4〉에 나타낸 모델을 기준으로 하여 원자의 결합 상태를 생각해 보자.

5족의 비소를 미량 첨가했을 때에는 〈그림 9-5(a)〉같이 실리콘의 결정
체 내부에 부분적으로 비소 원자가 존재하게 된다. 이 원자는 주위의 실
리콘 원자와 공유결합을 했다 하더라도 최외각에는 5개의 전자를 갖고
있으므로 결합할 수 없는 전자가 한 개 남게 된다. 이런 경우에 비소 원자
는 주위에 4개의 실리콘 원자로 싸여 있으므로 실리콘의 단결 정체와 비
슷한 결합 상태로 된다. 그러므로 새로 생긴 결정체도 에너지 상태가 안
정한 결정체다. 결합하는 데 관여하지 않았던 1개의 전자는 비소 원자의
양성자와 약한 결합 상태를 이루고 있으므로 외부로부터의 근소한 에너
지가 공급되기만 해도 비소 원자에서 이탈하여 결정체 내를 자유로이 이
동할 수 있다. 이처럼 근소한 에너지로 자유로이 이동할 수 있는 과잉한
전자(준자유전자라 부른다)의 전도를 담당하는 물질을 n형 반도체라고 부르
고 있다. 즉, 음전하인 전자에 의해 전자가 흐르기 쉬운 특성을 갖게 된다.

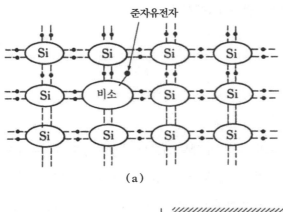

(a)

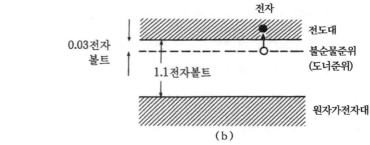

(b)

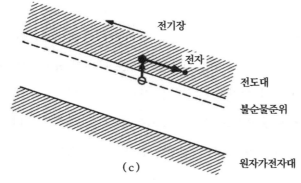

(c)

그림 9-5 | n형 반도체:

(a) 분자의 결합모델
(b) 도너준위의 에너지
(c) 전기장과 전자의 이동구조

이러한 반도체의 에너지 상태를 나타낸 것이 〈그림 9-5(b)〉이다. 그림에서 불순물준위라고 표시한 데가 과잉전자가 갖고 있는 에너지 상태이며, 도너(donor)준위라고 부르는 경우도 있다. 도너준위의 전자는 근소한 에너지가 외부로부터 공급되면 자유전자로서 전도대를 자유롭게 이동할 수 있게 된다. 이때의 에너지는 전기장에 의해 공급된다. 〈그림 9-5(c)〉는 그런 상태를 나타낸 것이다. 전기장의 방향과 전자의 이동 방향에 주목하기 바란다. 이 경우에 불순물준위와 전도대의 에너지 차는 0.03전자볼트 정도에 불과하다. 이 값은 진성반도체의 에너지 차 1.0전자볼트의 30분의 1 이하이므로 n형 반도체는 진성반도체보다 전기전도성이 높은 셈이다. 이 현상은 반도체의 매크로적인 저항이 작게 된 것으로서 관측된다.

이렇게 이해함으로써 반도체의 도전성(導電性)은 불순물준위에 존재하고 있는 전자의 수에 의해 좌우된다는 것을 알았을 것이다. 물론 반도체 내를 움직이는 전자의 속도에도 영향을 받는다.

반도체의 미시적 현상과 거시적 현상

그러면 파괴 현상과 전자전도는 어떤 관계가 있는가 하는 의문에 대하여 잠시 언급하기로 하자. 반도체 속에서 전자가 전기장에 의해 이동하는 경우, 의당 자유전자가 인접원자로 이동하는 데는 에너지가 필요하다. 이것이 반도체의 전기전도성을 나타내는 미시적인 해석이며, 자유전자의

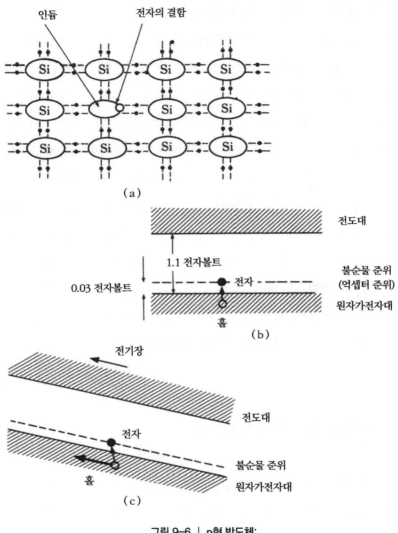

그림 9-6 | p형 반도체:

(a) 분자의 결합모델
(b) 수용체준위의 에너지
(c) 전기장과 전자의 이동구조

이동을 방해하는 요인이 거시적으로는 반도체의 저항인 것이다.

여기에 반해 반도체가 파괴되었다는 것은 과잉한 전류를 무리하게 흐르게 함으로써 결정체의 원자 배열이 변화하여 전압을 제거해도 원래의 결정구조로 회복하지 않는 것을 말한다. 원자 배열을 바꾸는 일 없이 전기전도성이 비약적으로 증가하는 것은 파괴현상과는 근본적으로 다르다. 이 경우에 반도체는 가해진 전압을 제거하면 원래의 상태로 회복된다.

따라서 가해진 전압을 제거해도 원래의 결정구조로 회복할 수 없는 파괴현상과는 다르다는 점을 강조하겠다. n형 반도체의 전기저항이 진성반도체의 전기저항보다 작아졌다고 하는 것이 이해하기 쉽다.

p형 반도체

이번에는 진성반도체를 제작하는 과정에서 주기율표의 3족의 원소를 미량으로 가하면 n형 반도체와 같이 전기저항이 진성반도체보다 작은 결정체가 이루어진다. 예를 들면 3족의 원소인 인듐(In)을 미량 가하면 〈그림 9-4〉의 결정체 내부에 부분적으로 인듐이 존재하게 된다.

이 원소는 최외각에 3개의 전자를 갖고 있으므로 주위의 실리콘 원자와 공유결합해도 〈그림 9-6(a)〉에 나타낸 것같이 실리콘 원자에 소속된 1개의 전자는 결합할 수 없는 결함(缺陷) 상태가 된다. 한편 인듐 원자는 실리콘 원자와 공유결합했다 하더라도 전자의 수는 겉보기에는 7개이므로 안정한 8개가 되기 위해서는 1개의 원자를 더 끌어당기려 한다.

그러므로 이 결정체에 전기장을 가하면 결합에 관여할 수 없었던 실리콘 원자 내의 전자는 실리콘 원자를 이탈하여 인접한 인듐 원자로 이동하게 된다. 1개의 전자를 인듐에 빼앗긴 실리콘 원자는 양이온의 성질을 갖게 된다. 이 양이온은 부분적인 전기장이 커져서 다시 인접한 실리콘 원자에서 전자를 끌어당겨 인접원자를 양이온으로 하는 성질을 갖는다. 그 결과 양이온이 이동한 것 같은 특성을 나타낸다.

이러한 형태로 계속적으로 이동하는 양의 전하는 2장에서 설명한 대로 홀(hole: 양공)이라고 불리며, 양의 전하가 이동함으로써 반도체의 특성이 정해지는 물질을 p형 반도체라고 부른다.

이러한 p형 반도체의 에너지 상태를 나타낸 것이 〈그림 9-6(b)〉이다. 그림 속에 불순물준위라 한 것이 인듐 원자에 의해 전자를 끌어당길 수 있는 에너지준위이며 수용체준위(억셉터준위: acceptor level)라고 불린다. 즉 p형 반도체의 경우 전기장을 가하면 원자가전자대의 전자가 불순물준위로 올라가고 대신에 원자가전자대에는 전자 부족 상태인 홀이 생긴다. 〈그림 9-6(c)〉가 그 모델이다. 전기장의 방향과 홀의 방향이 일치하고 있는 것을 알 수 있다.

이러한 홀이 인접한 실리콘 원자에서 전자를 끌어당길 때, 원자가전자대에서 수용체준위로 오르는 것과 같은 정도의 에너지가 필요하다. 수용체준위까지 오른 전자는 큰 에너지가 외부로부터 공급되지 않는 한 자유로이 이동할 수 없다는 것을 강조해 두고 싶다. p형 반도체의 불순물준위와 전도대의 에너지 차는 n형 반도체의 경우와 같이 0.03전자볼트 정도다. 반도체 내를 이동하는 홀수는 불순물의 양에 의해 좌우되나 반도체 내를 달리는 홀의 속도에도 영향을 받는다.

반도체와 터널효과

바로 앞에서 홀의 이동을 전자의 불순물 준위로의 상승이라고 설명했으나 이 전자는 0.03전자볼트보다 작은 에너지로도 이동할 수 있는 경우가 있다. 이것을 터널효과라고 한다. 터널효과란, 전자가 인접 원자로 이동하려면 배리어라고 하는 에너지의 '산'을 넘어야 하는데, 이 배리어를 넘는 데 필요한 에너지보다 작은 에너지를 가진 전자가 마치 배리어를 넘은 것같이 행동하는 현상이다. 이 현상은 n형 반도체에서도 일어나는데 양자역학으로 해명되었다.

트랜지스터의 증폭작용

이 장의 앞부분에서 n형 반도체와 p형 반도체를 결합함으로써 트랜지스터가 형성된다고 했는데 〈그림 9-7〉은 그 개요도다. 〈그림 9-7(a)〉는 2개의 p형 반도체 사이에 1개의 n형 반도체를 낀 pnp형 트랜지스터라고

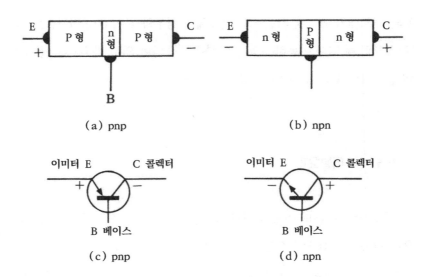

그림 9-7 | n형과 p형 반도체의 결합과 트랜지스터

(a) pnp형 접합 (b) npn형 접합 (c) pnp형 접합 (d) npn형 접합

불리는 것이고, 〈그림 9-7(b)〉는 2개의 n형 반도체 사이에 1개의 p형 반도체가 낀 npn형 반도체라고 불리는 것이다.

전기회로 중에 트랜지스터를 사용하는 경우에 pnp형 트랜지스터는 〈그림 9-7(c)〉, npn형 트랜지스터는 〈그림 9-7(d)〉같이 나타내도록 되어 있다. 어느 것이나 3개의 반도체로 되어 있으므로 3극 구조의 트랜지스터라 불린다. pnp형과 npn형 쌍방의 트랜지스터는 가해지는 전압과 흐르는 전류의 방향이 역방향일 뿐이고 동작 원리는 똑같다. 그러므로 pnp형 트랜지스터에 대해 그 동작원리를 설명하기로 하자.

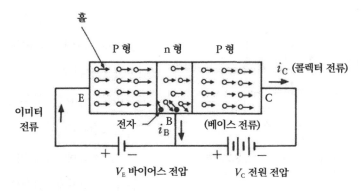

홀

P형   n형   P형

i_C (콜렉터 전류)

E

이미터 전류

전자   B
i_B (베이스 전류)

C

V_E 바이어스 전압 V_C 전원 전압

그림 9-8 | 트랜지스터의 구조와 전하의 이동

　앞에서 이야기한 바와 같이 p형 반도체와 n형 반도체는 각각 홀 과잉의 상태와 전자 과잉의 상태에 의해 특징 지어진다. 전극단자는 3종류가 사용되는데, 양전하인 홀을 방출하는 전극 E(이미터), 홀을 수집하는 전극 C(콜렉터) 그리고 홀의 이동을 조정하는 전극 B(베이스)가 있다.

　전극 E와 전극 B 사이에 전압 V_E를 가하고 전극 B와 전극 C 사이에 전압 V_C를 가한 회로를 〈그림 9-8〉에 나타냈다. 이 경우에 홀은 전극 E의 p형 반도체에서 전극 B의 n형 반도체로 주입된다. 그 이유는 n형 반도체가 전자과잉 상태이기 때문이다. 주입된 대부분의 홀은 폭이 좁아진 전극 B의 영역을 가로질러 전극 C의 p형 반도체에 이른다. 이때 흐른 홀이 전류 i_C의 원천이 된다. 전극 E에서 p형 반도체에 주입된 홀의 일부는 중간에 존재하는 전자과잉의 n형 반도체에서 전자와 결합하여 전류 i_B가 되어 전극 B로 흐른다. 이 전류는 전극 E에서 전극 B로 흐르게 된다. 전류 i_C와

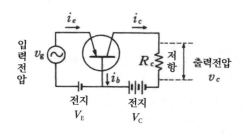

입력 전압 v_g i_e i_c R_c 저항   출력전압 v_c

i_b

전지 V_E 전지 V_C

그림 9-9 | 트랜지스터와 전기회로

전류 i_B의 비의 값에 의해 트랜지스터의 증폭하는 성능이 결정된다.

이때 중요한 것은 전압 V_E에 의해 전류 i_B가 흐르고 그 전류에 의해 양극전류 i_C가 흐르는 현상이다. 전류 i_B를 작게 함으로써 증폭작용을 크게 할 수 있으므로 전극 영역에서 홀과 결합하는 전자 수를 가능한 한 적게 하는 것이 중요하다. 그러기 위해서 전극 B 영역의 기하학적 크기는 전극 E 영역의 크기보다 훨씬 작게 하고 있다. 그 크기는 10μm (1μm은 1,000분의 1mm) 이하다.

〈그림 9-9〉는 트랜지스터를 집어넣은 증폭회로의 개요도다. 여기서 ν_g는 입력신호의 전압이고, ν_c는 입력신호전압과 동일한 파형의 전류 i_C가 저항 R_C를 흐름으로 해서 발생하는 전압이다. 이 장치는 〈그림 9-3〉의 진공관을 사용한 증폭회로와 똑같은 동작 특성을 갖고 있다. 직류전압 V_E와 V_C 그리고 저항 R_C를 적절하게 선택하는 데 따라 입력전압 ν_g와 출력전압 ν_c의 비의 값(ν_c/ν_g)인 증폭도를 100배 정도로 하는 것은 어렵지 않다.

최근에 초(超) LSI라고 하는 초고밀도 전기회로가 완성되어 전자공학의 세계에 혁명이 일어났다. 이제까지는 1cm²당 몇 개의 트랜지스터를 겨우 집어넣을 수 있는 정도였으나 초 LSI를 이용함으로써 〈그림 9-7〉에서 보는 회로소자를 1㎠당 100만 개 이상 집어넣는 것이 가능해졌다. 초 LSI 의 완성으로 라디오, 텔레비전의 소형화는 물론이고 트랜지스터를 사용한 거의 모든 전기회로를 소형화할 수 있게 되었다. 또한 초 LSI는 컴퓨터를 비롯하여 계측 분야, 나아가서는 사회생활의 모든 분야에 응용될 것이 분명하여 초 LSI를 사용한 전자기기의 소형화, 고밀도화의 연구는 세계의 첨단기술 분야 중에서도 가장 경쟁이 치열한 분야가 되었다.

트랜지스터와 태양전지

최근에 석유에 대체되는 에너지로서 주목받고 있는 것이 태양전지다. 이것도 반도체를 응용한 것 중의 하나다. 중성 물질에 외부로부터 에너지가 주입되었을 때 물질이 양이온과 전자로 분리될 수 있다면 그 물질은 전지로서의 기능을 가질 수 있다. 〈그림 9-10(a)〉는 n형 반도체와 p형 반도체를 결합한 태양전지의 에너지 상태를 나타낸 것이다.

전자과잉의 n형 반도체와 홀 과잉의 p형 반도체가 결합하면 2개의 반도체는 페르미준위를 공통의 에너지 상태로 하여 결합한다. 그것은 어느쪽의 반도체의 경우도 페르미준위의 전자가 동일한 에너지 상태에 있기 때문이다.

페르미준위란 원자가 절대영도일 때 최외각전자가 갖고 있는 평균적인 에너지준위다. 물질의 표면 부근에 존재하고 있는 전자의 평균적인 에

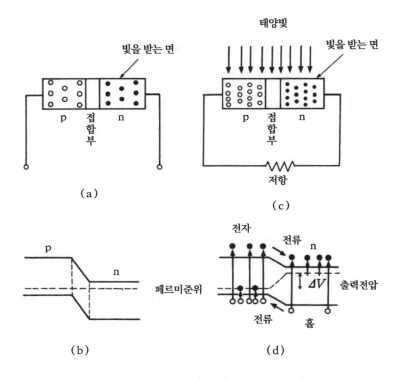

그림 9-10 │ 태양전지의 내부 구조와 전압의 발생

(a) pn접합형 트랜지스터 구조도
(b) pn접합형 트랜지스터와 페르미준위
(c) 빛의 조사(照射) 모델
(d) 빛에 의한 전압 발생 구조

너지 상태를 말한다.

온도가 높아지면 페르미준위보다 큰 에너지를 갖는 전자가 존재하게 된다. 이 경우에 n형 반도체에는 전도대의 근처에 많은 전자가 존재하게 되므로 페르미준위가 전도대 가까이에 존재하고 있는 데 반해 P형 반도체에서는 전도대에 전자가 존재하고 있지 않으므로 원자가전자대의 가까이에 존재한다. n형 반도체와 p형 반도체를 접합했을 때, n형 반도체의 전자는 p형 반도체로 그리고 p형 반도체의 홀은 n형 반도체로 이동하려는 성질이 있다. 그러나 어느 반도체도 전기적으로 중성의 상태에서 결합했으므로 〈그림 9-10(b)〉 나타낸 것같이 외부회로에는 전압이 나타나지 않는다.

그러나 태양빛이 반도체의 접합부에 조사되면 p형 반도체 쪽에서는 원자가전자대의 전자가 빛의 에너지를 얻어 불순물준위나 전도대로 올라가므로 원자가전자대에는 많은 홀이 발생하게 된다. 이것과는 반대로 n형 반도체에서는 도너준위의 전자 및 원자가전자대의 전자가 전도대에 이동한다. 따라서 〈그림 9-10(c)〉같이 전도대에는 다수의 전자가 발생하게 된다. 이때 p형 반도체의 전도대에 오른 전자는 n형 반도체의 전도대로 이동한다. 이와는 반대로 n형 반도체의 원자가전자대에서 발생한 홀은 P형 반도체의 원자가전자대로 이동한다.

그 결과 n형 반도체와 p형 반도체의 전도대 에너지 차가 작아지고, 또한 p형 반도체와 n형 반도체의 원자가전자대 에너지 차가 작아지므로 양쪽의 페르미준위에 에너지 차가 생기게 된다. 즉 빛에 의해 페르미준위가 변화한 분만큼 반도체의 내부에서 전하의 이동이 생기고, 반도체를 접합한 외부회로에는 전압이 발생하게 된다. 〈그림 9-10(d)〉는 그러한 상태의 그림이다.

이처럼 외부에서 공급된 빛의 에너지에 의해 불순물준위의 전자 및 원자가전자대의 전자가 들떠 있기 때문에 전자와 홀의 쌍을 만들어 내는 반도체는 전지가 이온화 반응으로 전압을 발생하는 것같이 전원으로서의 작용을 할 수 있다. 이 반도체를 직렬, 병렬로 접속함으로써 큰 전압, 전류를 발생시킬 수 있다.

10장

전파는 정보 전달의 파이어니어

10

전파는 정보 전달의 파이어니어

전기회로에서 전파의 이용으로

일상생활에서 중요한 것 중의 하나로 정보 전달이 있다. 이 분야에 전기가 최초로 공헌한 것은 전화다. 전화는 도선 속을 흐르는 전류가 음성 신호로 변환될 수 있는 것을 이용한 것으로 100㎞, 1,000㎞ 떨어진 친구와 정보를 교환할 수 있다. 이 방법의 가부는 전기회로의 메커니즘에 의존하는데, 특히 장거리 전화는 진공관의 증폭작용이 실용화됨으로써 가능해졌다.

그런데 해외에 있는 친구에게 정보를 전하려면 미리 도선을 바다 밑에 묻어 놓아야 한다. 기술이 진보한 현재에는 도선을 바다 밑에 묻는 것은 그리 큰 문제가 아니지만 100년 전에는 틀림없이 생각하기조차 힘든 일이었을 것이다. 이때 등장한 것이 전파(電波)다. 전파를 사용하면 도선 없이 정보를 바다 너머에 있는 사람들에게 전할 수 있으므로 이제까지 설명한 전기회로와는 내용을 달리한다.

맥스웰이 전파의 존재를 예언한 근거

천둥이 치면 라디오에 잡음이 생기며 텔레비전 화면이 흔들리는 것을 경험한 독자가 많을 것이다. 이것은 라디오나 텔레비전의 전파가 천둥에 의해 혼잡해지는 현상이다. 또한 천둥이 전파를 발생하고 있다는 증거가 되기도 한다. 천둥이 전기현상이라는 사실은 1752년에 미국의 프랭클린(Benjamin Franklin, 1706~1790)에 의해 증명되었으나 자연계에 전파는 예로부터 존재했다.

원래 전파의 존재는 1864년에 영국의 맥스웰(James Clerk, Maxwell 1831~1879)에 의해 예언되었으며 1888년에 독일의 헤르츠(Heinrick Rudolf Hertz, 1857~1894)에 의해 실증되었다. 헤르츠는 불꽃방전 현상을 이용하여 전파가 발생하는 현상을 실증했다. 그러면 맥스웰은 어떤 이유로 전파의 존재를 예언했을까. 그가 대학에서 연구를 시작할 무렵에 같은 고향 사람인 패러데이는 세계적으로 유명한 학자였다. 그때 그는 패러데이가 제안한 '전기의 에너지가 공간에 존재하고 있다'라는 생각을 이론적으로 해명할 결심을 했다. 패러데이가 생각했던 전기 에너지는 오늘날의 전기장 에너지(혹은 정전기 에너지라고도 한다)를 말한다. 그 결과 자유공간에 전기 에너지가 존재한다는 것을 이론적으로 증명하는 데 성공했다. 그러나 이 연구를 진행하는 과정에서 자기장 에너지가 존재하는 것도 발견했다.

전기장 에너지는 콘덴서에 비축되는 에너지로서 또한 자기장 에너지는 코일의 주변에 비축되는 에너지로서 이미 설명했다. 전기장 에너지도 자기장 에너지도 공간에 존재하고 있으므로 전기장과 자기장의 크기를 주기적으로 변화시키면 의당 공간의 전기장과 자기장은 시간과 함께 변화한다. 그리고 전기장의 에너지와 자기장의 에너지로 된 전기 에너지가 전파되는 현상을 생각했다. 이때 전기 에너지가 전파되는 속도의 이론값이 빛의 전파 속도와 일치하는 것에서 그는 빛의 전자기파설을 발표했다.

그렇다면 그는 어떻게 전기가 전파되는 속도를 이론적으로 구할 수 있었을까. 실은 외르스테드가 발견한 전류와 자기장의 관계식과 패러데이가 발견한 자기장과 전기장의 관계식(전자기유도 작용)을 결합하는 것으로 전기가 전파되는 식을 유도하는 데 성공했다. 이 식 속에는 전기가 전파되는 속도를 나타내는 양이 포함되어 있다. 콘덴서의 크기(용량)를 나타내기 위해 쓰이는 유전율과 코일의 크기(인덕턴스)를 나타내는 데 쓰이는 투자율(透磁率)을 곱한 것이 빛의 속도의 제곱의 역수에 비례하고 있는 것이다. 이러한 사실에서 역으로 전기의 에너지도 빛과 같이 공간에 전파될 수도 있을 것이라고 하면서 전파의 존재를 예언했다.

헤르츠는 우연히 전파의 존재를 실증했다

1831년에 패러데이가 전자기유도 현상을 발견한 이래 큰 교류전압을 발생시킬 수 있게 되었다. 헤르츠는 감응코일(전자기유도 현상을 이용한 전자유도 코일)에서 발생한 고전압을 2개의 금속구 사이에 가하여 단속적인 불

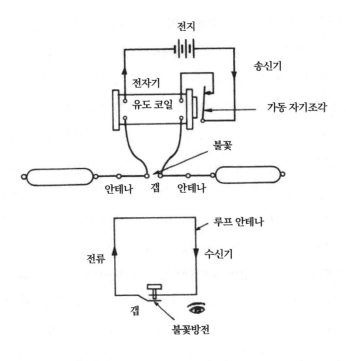

그림 10-1 | 헤르츠가 사용한 실험 장치

꽃방전을 일으키는 실험을 하고 있던 중 우연히도 그 근방에 놓아두었던 4각형 코일의 절단된 작은 공간에서 단속적인 불꽃방전이 발생하는 것을 발견했다. 이것이 전파의 존재를 실증한 순간이다.

〈그림 10-1〉은 헤르츠가 전파의 발생을 처음으로 증명한 실험 장치의 개념도다. 이 회로에서 어떻게 불꽃방전이 생기는지 설명하기로 하자. 그림을 자세히 보기 바란다.

처음에 전지에서 흘러나온 전류는 가동 자기조각을 통해 감응코일의 1차 측을 흐르게 했다. 그 전류에 비례하여 감응코일의 2차 측에 큰 전압이 발생하게 된다. 여기서 감응코일은 높은 교류전압을 발생하는 일종의 트랜스(변압기)라고 생각할 수도 있다. 변압기에 의한 전압의 변환 메커니즘에 관해서는 13장에서 설명한다. 이 전압을 안테나라고 하는 2개의 구 사이에 가하면 불꽃방전이 발생한다.

그런데 감응코일의 1차 측을 흐르는 전류에서 그 내부에 있는 연철이 자화(磁化)되어 전류가 흐르고 있던 가동 자기조각을 끌어당기게 된다. 그 순간 가동 자기조각의 접점이 떨어져 1차 측의 전류는 차단된다. 그것에 수반하여 안테나의 불꽃방전은 멈춘다. 그러나 감응코일의 1차 측에 전류가 흐르지 않는 것과 동시에 연철의 자성이 약해져 가동 자기조각은 스프링의 힘으로 최초의 위치로 복귀한다. 그리고 다시 감응코일에 전류가 흘러 불꽃방전이 발생한다. 이렇게 함으로써 안테나에 단속적인 불꽃방전을 반복하여 일으킬 수 있게 된다.

이때 안테나에서 복사된 단속적인 신호의 전파를 그림의 아래쪽에 있는 루프상(고리 모양)의 안테나로 수신하면 안테나에 전압이 유기(誘起)된다. 즉 루프상 안테나의 일부를 절단하여 만든 작은 틈 사이에 불꽃방전이 생긴다.

여기서 헤르츠는 4각형 코일의 위치를 전후좌우로 옮긴다든가 혹은 회전시키는 등 여러 가지로 변경시키던 중 코일을 어떤 특별한 방향으로 배치했을 때 가장 강한 불꽃방전이 발생하는 것도 발견했다. 이 불꽃방전의 주기와 감응코일에 접속한 안테나에서 생긴 불꽃방전의 주기가 일치하는 점에서 전파가 직선 모양 안테나에서 루프 안테나로 전파되었다는 것이 증명되었다. 전파의 존재가 실증된 해의 다음 해인 1889년에 이탈리아의 발명가 마르코니(Guglielmo Marconi, 1874~1937)가 이 전파를 이용한 무선전신에 성공했다.

전자가 운동하면 전파가 발생하는가

전파의 발생을 나타내는 가장 간단한 모델은 1개의 전자가 진동하여 그 운동 방향과 직교하는 방향에 전파가 발생하는 구조다. 이것을 전류의 흐름으로 설명하기로 하자.

전자가 전극 사이를 왕복운동 하는 것은 교류전류가 흘렀다는 것과 같은 말이다. 이것은 전하의 흐름의 시간적 변화가 전류라고 정의되어 있기 때문이다. 이런 전류에 의해 전류가 흐르는 축에 대해서 동심원상으로 자기장이 발생하는 것은 외르스테드가 발견한 현상이기도 하다. 이 자기장의 변화에 의해 역으로 전압이 발생하고 전류가 흐르는 것은 패러데이에 의해 밝혀졌다. 그러나 이때 흐르는 전류는 12장에서 설명하는 변위전류다.

전자가 공간을 이동함으로써 자기장이 동심원상으로 발생한다고 했는데, 이 자기장의 시간적 변화는 전자가 한 번 왕복하는 시간으로 정해진다. 1초에 1만 회 왕복하면 10㎑의 자기장 변화가 생긴다. 100만 회 왕복하면 1㎒의 자기장 변화가 생긴 셈이 된다. 그것에 따라 각각 10㎑, 1㎒

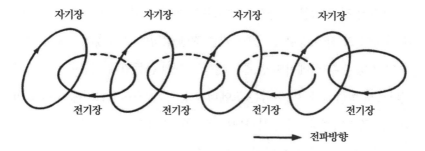

그림 10-2 | 전기장과 자기장의 상호작용과 전자기파

의의 변위전류가 흐르게 된다. 이 변위전류에 의해서도 자기장이 발생한다. 또한 이 자기장에 의해서 다른 변위전류가 발생한다.

이처럼 자기장의 변화, 변위전류, 자기장의 변화……로 서로 연결되면서 퍼지는 현상이 전파다. 그러한 양상은 〈그림 10-2〉같이 자기장 그리고 전기장, 자기장 그리고 전기장으로 현상이 계속적으로 전달되는 것같이 발생한다. 이렇게 자기장과 전기장이 작용하면서 멀리 전해지는 것이 전파 인정으로 생각되고 있다.

공기 중을 전자가 이동하면 전파가 발생하나 불꽃방전의 내부에서는 다수의 전자가 속도를 변화시키면서 이동하고 있으므로 당연히 전파를 복사하고 있는 셈이다. 이때 복사되는 전파의 주파수는 가지각색이다. 반대로 불꽃방전이 발생시키는 전파에는 모든 주파수가 포함되어 있다고도 말할 수 있다. 그 뜻은 불꽃방전의 내부에서 운동하고 있는 전자의 속도가 천차만별하다는 데 기인한다.

그런데 진공 속을 전자가 고속도로 이동하고 있을 때, 여기에 자기장을 가하여 그 진행 방향을 변화시키면 진행 방향이 변화했기 때문에 전자가 갖고 있던 운동 에너지 중에서 진행 방향의 운동량에 해당한 에너지가 전파로서 방출된다. 이 현상은 고에너지 분야의 연구자에 의해 이미 실험적으로 증명되었다. 이때 복사되는 전파의 주파수는 불꽃방전으로 복사되는 다양한 주파수와는 달리 단일의 주파수로 되어 있다. 따라서 전자 1개인 경우에도, 다수의 전자가 이동한 경우에도 동일하다. 이 불꽃방전의 횟수와 전자가 왕복운동하고 있는 횟수를 직접 대응시키기는 어려우나, 불꽃방전이 전파를 발생시키고 있는 것에 대한 증명이 되고 있다.

전파는 안테나의 어느 부분에서 발생하는가

금속도선 내를 전자가 이동해도 전파는 발생하는 것일까. 실은 이 현상을 이용한 것이 텔레비전의 안테나다. 전파의 존재는 헤르츠에 의해 실험적으로 증명되었으나, 이 전파가 안테나의 어디에서 발생하고 어떻게 전파되는지는 그 당시의 과학자의 가슴을 설레게 하기에 충분한 테마였음이 틀림없었을 것이다.

전파는 안테나의 표면에서 복사된다고 하나 그 메커니즘의 엄밀한 점에 대해서는 아직까지 밝혀지지 않고 있다. 그 까닭은 금속 표면의 정의가 아직 확립되어 있지 않기 때문이다. 또한 12장에서 설명할 맥스웰의 이론

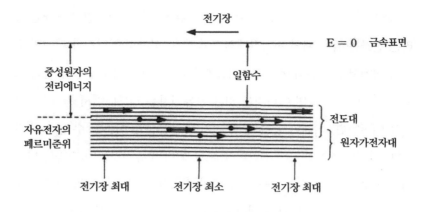

그림 10-3 | 금속 표면에서의 전도대 모델

은 안테나의 내부를 다룰 수 있을 정도에까지 이르지 못했기 때문이다.

빛이 전자기파의 일종이란 것은 맥스웰에 의해 제안되었다. 빛은 물질의 내부에서 복사되고 있는 것이 확실하다. 그 메커니즘은 금세기 초에 원자의 구조에서 밝혀졌다. 2장에서 설명한 대로 원자를 구성하고 있는 전자는 에너지준위 사이를 이동하면서 빛을 발생하거나 흡수하는데, 물질에서 복사되는 빛의 진동수는 라디오파나 텔레비전파의 진동수보다 훨씬 크며 텔레비전파 진동수의 100만 배 이상이다.

그런데 금속은 금속 원자가 결정 구조를 이루어 결합하여 〈그림 10-3〉 같은 원자가전자대와 전도대가 존재한다는 것은 6장에서 설명했다. 그러므로 안테나를 구성하고 있는 금속 내를 이동하는 전자를 에너지준위의 모델을 사용하여 설명하기로 하자.

만일 안테나 양 끝에 높은 주파수의 교류전압을 가한다면 전도대를 달리는 전자는 금속 내의 전기장에서 가속된다. 전자의 에너지가 커지면 전도대 내에서도 상위의 에너지준위를 이동하게 된다. 이것에 반해 금속 내의 전기장이 0이 되면 에너지를 잃은 자유전자는 전도대에서 원자가전자대로 이동한다. 이때가 금속 내의 전자가 자유롭게 이동할 수 없는 순간이다. 안테나에 가해지는 전압이 음으로 되면 자유전자는 이전과는 반대의 방향으로 이동한다. 더욱 금속 내의 전기장이 커지면 양의 전압의 경우와 마찬가지로 전도대의 에너지준위가 높은 곳으로 상승하여 그곳을 이동하게 된다.

이와 같이 자유전자는 외부에서 가해진 정현파상의 전압에 따라 전도대의 상위 에너지준위를 달리거나 하위를 달리기도 한다. 이 전자가 에너지준위 사이를 이동할 때마다 전파가 발생한다. 텔레비전 안테나에서 전파를 발생시키기 위해서는 금속 내의 전자가 흐르는 방향을 1초에 1억 회나 변화시킬 필요가 있다.

그런데 금속 표면이 〈그림 10-3〉에 나타낸 페르미준위라고 가정한다면 전도대의 일부는 진공 상태라고도 말할 수 있다. 진공 상태를 달리고 있는 전자가 전자기파를 방출하는 것이 앞에서 설명한 대로 실험적으로 증명된 현재에는 이러한 에너지 상태의 변화에 대응하여 전자기파가 방출된다고 생각할 수도 있다. 그러나 전도대의 에너지준위를 세부적으로 측정할 수 없는 현재로는 위에서 이야기한 것과 같은 생각은 아직 증명하지 못하고 있다.

11장

작은 물질을 관측하는
전자현미경

11

작은 물질을 관측하는 전자현미경

전자현미경의 원리

전자가 진공 속을 이동하는 현상에서 진공관이 발명되었는데, 전자가 움직인 흔적을 실험적으로 연구하고 있는 동안에 전자가 빛과 같이 파(波)의 성질을 갖고 있다는 것을 알게 되었다. 그러한 사실로서 어쩌면 광학현미경과 같이 전자를 사용하여 작은 물체를 관측하는 장치를 만들 수 있지 않을까 하고 생각했다. 빛의 직진성과 굴절현상을 응용하여 광학기기가 개발된 것처럼 전자의 직진성과 굴곡현상(직진 방향의 속도가 변화하는)에 착안하면 그 성질을 응용하는 것으로 전자를 사용한 관측기기를 만들 수 있을 것이다. 광학기기를 사용하여 관측할 수 있는 크기는 가시광의 파장보다 큰 것에 한한다. 이러한 생각에 따르면 가시광의 파장보다 작은 물체를 보려면 더욱 짧은 파장을 갖는 파를 사용해야만 가능하다. 그것이 지금부터 설명하려는 전자현미경이다.

당초 1924년 프랑스의 드 브로이(Louis Victor de Broglie, 1892~1987)가 물질의 파동설을, 그리고 1926년에 독일의 슈뢰딩거(Erwin Schrödinger, 1887~1961)가 파동역학의 이론을 발표하기에 이르자 전자파

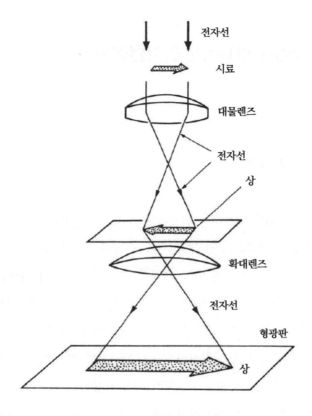

전자선

시료

대물렌즈

전자선

상

확대렌즈

전자선

형광판

상

그림 11-1 | 전자현미경 모델

(電子波)의 개념이 등장했다. 바로 그 당시 독일의 부슈는 자기장에는 그 속을 통과하는 전자나 전하를 띤 입자에 대해 렌즈 작용이 있다는 것을 이론적으로 해명했다. 그리고 1927년에는 이 현상을 실험적으로 확인했다. 이것이 바로 전자현미경의 시작이다.

전자의 굴곡 현상에는 전기장을 이용한 전기장렌즈와 자기장을 이용한 자기렌즈가 있다. 전기장렌즈는 전자가 전기력선의 순서에 따라 힘을 받는 것을 이용하고 있다. 마주 향하는 2개의 전극 배치를 고려하는 데 따라 전자가 지나가는 통로를 광학렌즈 속의 광로처럼 한 것이다. 반면에 자기렌즈는 동축원통형의 자기코일(솔레노이드(solenoid)라고도 부른다)에 전류를 흐르게 해서 발생하는 자기력선으로 그 공간을 이동하는 전자를 나선 모양으로 회전시키면서 수렴하는 것을 이용한 것이다. 이렇게 전기장렌즈와 자기렌즈의 작용을 조합한 것이 〈그림 11-1〉에 나타낸 전자현미경이다.

보다 작은 물질을 보려면 어떻게 해야 하나

광학기기의 경우와 같이 전자현미경이 있어도 마음이 쓰이는 것은 분해능이다. 분해능(分解能)이란 물질을 관측할 때, 떨어진 2개의 점을 각각의 점으로서 구별할 수 있는 길이의 한계다. 즉 어느 정도 작은 것까지 각각 다른 것으로서 구별하여 식별할 수 있는가 하는 것이 문제다.

광학기기의 경우에는 분해능이 빛의 파장으로 정해지는 데 반해 질량을 갖는 전자의 경우에는 분해능을 정하기가 어렵다. 전자현미경의 경우, 전자의 물질파의 파장에 의해 분해능이 좌우된다. 따라서 전자현미경으로 관측되는 크기도 전자파의 파장 정도까지다.

전자파의 파장은 전자 속도에 의해 정해지나 전자 속도가 커지면 파장이 짧아지고 느리면 길어진다. 전자 속도는 전기장 크기의 평방근에 비례하고 있으므로, 전기장을 크게 하면 할수록 전자 속도가 한없이 커지는 것으로 여겨지며 또한 파장도 한없이 작아지는 것으로 추정되고 있다.

그러나 1905년에 아인슈타인(Albert Einstein, 1879~1955)이 발표한 특수상대성 이론에 의하면 전자는 빛의 속도 이상으로는 될 수 없다. 즉 전자의 속도가 빛의 속도에 가까워지면 전자의 질량은 무한대가 되고 속도는 그 이상 증대하지 않는 것으로 결론이 나 있기 때문이다. 이러한 사실로서 전자현미경의 분해능에도 한계가 있다는 것을 이해했을 것이다.

전자는 원자 속에 존재하며 우리가 생각하는 가장 작은 전하를 띤 입자다. 전자의 크기를 확인하는 실험 방법은 현재로서는 없으나, 유사한 원자핵 크기의 10만분의 1 정도로 보고 있다. 현재로는 가장 분해능이 높은 관측기를 사용하더라도 원자 크기를 겨우 관측할 수 있을 정도다.

그러나 여기서 주의해야 할 것은 전자현미경은 전자의 이동을 이용한 장치이기는 하지만 전자를 하나하나 검출할 수 있는 것은 아니라는 것이다. 진공 속을 이동하고 있는 전자의 그룹을 관측 대상으로 하는 것으로 그 거시적 혹은 미시적인 거동의 관측이 가능하다. 그룹이라고 하더라도 다수의 전자를 동시에 같은 속도로 달리게 할 수는 없다. 전자는 음의 전하를 띠고 있으므로 쿨롱의 힘에 의해 서로 반발한다. 따라서 가령 다수의 전자가 동일한 속도로 달린다고 하더라도 전방에 존재하고 있는 전자 무리는 그 중심의 전자 무리로부터 앞으로 밀려 속도가 빨라진다. 이것에 반해 그 후방의 전자군은 뒤로 잡아당겨져 늦어진다. 그 결과 전자의 속도 분포는 중심의 속도를 갖는 전자가 가장 많고 그것보다 약간 큰 속도를 갖는 전자 무리와 어느 정도 작은 속도를 갖는 전자 무리는 적다. 속도가 0이나 빛에 가까운 속도인 그룹은 거의 존재하지 않는다. 즉 전체적으로 일종의 파도 같은 모양을 하고 있다.

전압(kV)	보정하지 않은 파장(Å)	보정한 파장(Å)
10	0.1220	0.1220
50	0.05477	0.0536
100	0.0387	0.0370
500	0.01732	0.0142
1000	0.0122	0.00872
3000	0.007071	0.00357

표 11-1 | 전자현미경에 가하는 전압과 전자파의 파장(1 Å은 10^{-10}m)

전자파의 파장은 전압의 평방근에 역비례하는데, 전자현미경에 사용되는 전압과 전자파의 파장 관계를 〈표 11-1〉에 나타냈다. 가해지는 전압이 커지면 계산상으로는 전자 속도가 빛의 속도 이상으로 커지지만 그런 경우에는 상대성이론에 의한 보정을 가해야만 한다. 이렇게 해서 얻은 결

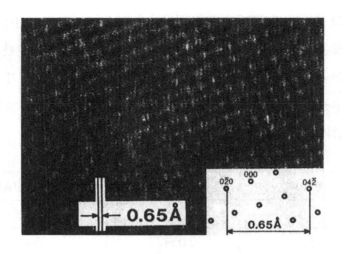

사진 11-1 | **금박막 결정상의 전자현미경 사진**(히다치 기초연구소 소토무라 박사 제공)

과도 〈표 11-1〉에 제시했다. 보정된 파장을 사용하여 전자현미경을 작동시킴으로써 이론적으로 예상했던 실험 결과를 얻었다.

그 한 예를 제시해보자. 실제로 계측할 수 있는 물질의 크기는 1억분의 1㎝ 정도이며 원자의 크기가 표준이 되어 있다. 최근에 일본의 히다치(日立) 제작소는 세계에서 자기장 정밀도가 가장 높은 전자현미경을 개발했다. 그 분해능은 10억분의 5㎝(0.5Å)이다. 이 현미경을 사용하게 되면서 금속원자의 결정 상태를 사진으로 촬영할 수 있게 되었다. 〈사진 11-1〉은 이 전자현미경을 사용하여 촬영한 금박막의 결정격자상이다. 그림 속에 하얗게 별 모양으로 빛나고 있는 부분이 금 원자가 존재하고 있는 부분이며, 금 원자가 결정축에 따라 정연한 상태로 결합하고 있는 모습을 볼 수 있다.

자성물질 중의 자기구역이 보인다

금속 내의 결정구조가 관측될 수 있게 되면 자성을 띤 자성체의 내부에 존재할 자기구역이나 자력선을 볼 수 있지 않을까 하는 꿈 같은 생각을 하게 된다.

그런데 자기구역(磁氣區域)이란 도대체 무엇인가. 자성체를 자기장 속에 넣으면 자성체를 구성하고 있는 원자는 자기장의 방향으로 배열하는 성질을 갖고 있다. 그중에서 자성을 갖는 원자가 몇 개 직렬로 이어져 크기가 0.1mm 정도의 하나의 그룹이 된다. 이 그룹이 자석의 성질을 나타내는 데서 자기구역이라 불리게 되었다.

이제까지는 자기구역이 분포하는 모습이나 자기력선의 분포에 대해서는 관측하는 방법이 없었다. 최근에는 전자선 홀로그래피(electron beam holography)라고 불리는 기술을 사용하여 자기구역의 관측이 가능해졌다. 〈사진 11-2〉는 두께 0.2㎛의 자성체박막 중에 분포하고 있는 자기구역의 모습과 그것에 의한 자기력선 분포를 촬영한 한 예다. 이것은 히다치 기초연구소의 소토무라 아키라 박사를 중심으로 한 연구진이 세계에서 처음으로 기록에 성공한 것이다. 사진 속의 화살표 방향이 자기구역의 방향이고 얼룩무늬가 자기력선의 분포다. 자성체 속의 자기력선이 서로 충돌한 것같이 소용돌이 모양을 하고 있는 것을 뚜렷하게 볼 수 있다. 또한 자성체에서 진공 속으로 복사되고 있는 자기력선의 모습도 손에 잡힐 듯이 보인다.

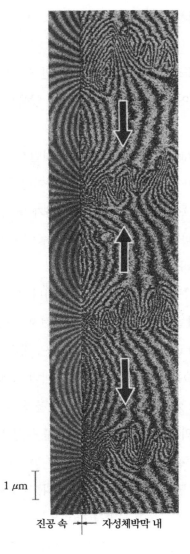

1 μm

진공 속 →|← 자성체박막 내

사진 11-2 | 자성체박막의 자기력선과 자기구역의 전자현미경 사진

(히다치 기초연구소 소토무라 박사 제공)

이 분야의 전문가가 다음으로 흥미를 갖는 것은 자기력선속선 그림의 시간적 변화다. 자기장의 강도를 시간적으로 변화시켜 자기력선이 시시 각각 변화하는 모습을 전자현미경의 상으로서 또한 고속 카메라로 촬영 한다면 이제까지 알려져 있지 않은 자기구역의 성질을 발견할 가능성은 매우 높다.

컴퓨터가 진보하는 데 따라 자기를 사용한 메모리가 중요시되기 시작 했다. 다시 14장에서 설명할 CD의 메모리에 자기가 사용되는 등 자기구 역의 연구가 주목되고 있으며 위에서 설명한 기술의 여러 분야에 대한 응 용은 예측할 수 없는 정도다. 이처럼 전자의 흐름을 이용함으로써 꿈의 세계가 잇달아 해명되었다.

12장

맥스웰의 이론과 전기현상

맥스웰의 이론과 전기현상

맥스웰이 생각한 이론

맥스웰이 전기현상을 지배하고 있는 법칙을 처음으로 확립했다고 말해 왔으나 그는 처음에는 패러데이가 제안한 전기장의 에너지를 이론적으로 증명하려고 시도했다. 그때 전류와 자기작용의 실험 결과, 전자기유도의 개념과 전류 역학의 개념 등을 연관시켜서 전자기학의 체계를 완성했다. 그것은 1873년의 일이었다.

맥스웰이 전자기학을 완성하고부터 24년 후인 1897년에 전자가 발견되어 전기현상은 전자의 이동에 의한다는 것이 명확해졌다. 그러나 그가 확립한 전자기학을 전자의 운동에 근거하여 다시 써야 할 상태로까지는 이르지 못했다. 그것은 전자의 흐름이 전류의 방향과 반대이기 때문에 전자기학의 교과서를 고쳐 쓰기에는 너무나도 많은 장애가 있었기 때문이다. 물론 전자의 흐름을 음전하가 흐르는 것으로서 다룬다면 맥스웰의 이론에는 아무런 장애가 생기지 않는다는 것도 하나의 원인이었다고 말할 수 있다.

그렇다면 맥스웰의 이론으로 정말 모든 전기현상을 설명할 수 있을까 하는 의문을 갖는 것은 필자만이 아니라고 생각한다. 그러므로 맥스웰의 생각과 이제까지 설명한 현상을 이해하기 위해서 맥스웰의 기본식에 대해 언급하기로 하자.

수식 없이 도해

맥스웰이 도입한 이론은 다음과 같은 4가지 기본식으로 성립되어 있다.

(1) 자기장이 시간적으로 변화하면 전압이 발생한다.
(2) 전류에 의해 자기장이 발생한다.
(3) 자기력선은 반드시 닫혀 있다.
(4) 전하가 존재하지 않는 곳에서 전기력선은 발생하지 않는다.

이러한 현상은 각각 간단한 식으로 요약되어 있으나, 이 책은 원칙으로 수식을 사용하지 않기로 했으므로 도해적으로 설명하기로 한다. 이 기본식은 전자기 현상을 지배하고 있는 법칙이므로 당연히 이미 설명한 법칙의 내용과 중복될 것이다.

그런데 맥스웰의 법칙은 간단한 기본식이라고 했는데, 내용이 간단하다는 뜻이 아니고 식의 형식이 간결하다는 뜻이다. 이제까지 설명한 많은 법칙은 1차원이나 2차원으로 기술되어 있는데 반해 맥스웰의 기본식은 모두 3차원으로 나타내는 것이 특징이다.

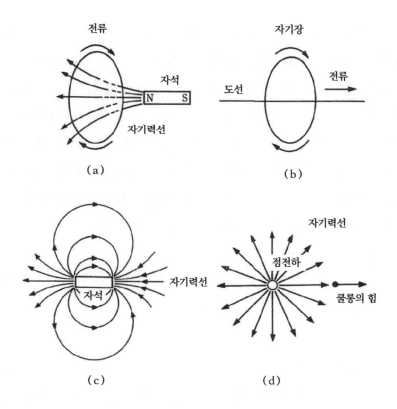

전류

자석

N　S

자기력선

(a)

자기장

도선　　　　전류

(b)

자석

자기력선

(c)

자기력선

점전하

쿨롱의 힘

(d)

그림 12-1 | 맥스웰 방정식의 도해:

(a) 자기장의 변화에 의한 전류의 발생 모델
(b) 전류에 의한 자기장의 발생 모델
(c) 자기력선이 닫힌 모델
(d) 전기력선이 발산하고 있는 모델

첫 번째 기본식

첫 번째의 기본식이란 〈그림 12-1(a)〉같이 1개의 루프선을 수직으로 배치하고 그 면에 직각 방향으로 자석을 접근시키거나 멀리함으로써 루프선에 전압이 유기(誘起)되어 전류가 흐르는 현상에 대응하는 것을 의미하고 있다. 이 경우 자석을 고정하고 루프선을 자석에 접근시키거나 멀리해도 같은 결과를 얻는다. 즉 자기장의 변화에 의해 루프상의 도선에 전압이 발생하는 관계식이다. 이것은 바로 5장에서 이야기한 패러데이가 제안한 전자기유도의 법칙이다. 또한 도선의 이동 방향, 전류의 방향 그리고 자기장의 방향의 관계는 플레밍의 오른손법칙에 따른다.

두 번째 기본식

두 번째의 기본식이란 〈그림 12-1(b)〉같이 하나의 도선에 전류를 흐르게 하면 그 주변에 자기장이 발생하는 것을 나타낸 것이다. 이 경우에 전류의 방향과 자기장의 방향은 오른쪽나사의 법칙에 따른다. 이것은 바로 1820년에 외르스테드가 발견한 법칙 그 자체이며 또한 플레밍의 법칙과 관계하고 있다. 전류가 도선을 흘렀다는 것은 전자가 도선의 내부를 이동했다는 것과 같다. 이 경우에 자기장의 강도는 도선의 표면에서의 거리에 역비례하여 작아진다.

여기에서 주목되는 것은 나중에 설명하는 바와 같이 맥스웰이 변위전류라는 개념을 도입했다는 것이다. 그것은 도선이 없는데도 마치 전류가 흐른 것과 등가의 성질이 나타나는 것을 뜻하고 있다. 따라서 이 식은 전도전류에 의해 자기장이 발생하는 것은 물론이거니와 변위전류에서도 자기장이 발생하는 현상을 포함하고 있다는 데 특징이 있다.

세 번째 기본식

세 번째의 기본식은 〈그림 12-1ⓒ〉와 같이 자기력선이 N극에서 발생하여 S극으로 향하며 항상 닫혀 있다는 현상을 나타낸 것이다.

이 현상은 N극과 S극이 존재하는 것을 전제로 하여 설명되고 있으나 N극과 S극이 왜 존재하는가는 현재에도 아무도 모른다. 또한 N극과 S극을 단독으로 발생시킬 수 없다는 것은 3장에서 설명한 대로다.

네 번째 기본식

네 번째의 기본식은 공간의 한 점에 양 혹은 음의 전하를 놓으면 여기에서 〈그림 12-1ⓓ〉같이 전기력선이 방사상으로 발생하는 것을 나타내고 있다. 이 전기력선은 전하가 존재하고 있는 물질의 중심에서 자유로운 방향으로 진행한다. 이 전기력선은 생각할 수 있는 모든 방향에 대해 동등하므로 동심구상으로 퍼지게 될 것이다. 방사상으로 퍼진 전기력선은 최종적으로 우주의 끝(무한원이라 부른다)까지 진행하게 된다. 이 경우에 전하에서 발생한 전기력선의 수는 도중에서 많아지거나 적어지는 일이 없다. 최초에 발생한 전기력선은 그대로의 수가 무한원까지 이르게 된다. 이 전기력선도 전하가 존재하지 않으면 발생하지 않는다. 이러한 사실이 전류의 연속법칙으로도 되어 있으므로 주목된다. 이 법칙은 또한 쿨롱의 법칙 그 자체이기도 하다.

4가지 기본식과 전기의 법칙

이제까지 전기에 관한 여러 법칙과 맥스웰의 기본식과의 관계에 대해 간단히 언급했다. 다음에는 네 번째 기본식이 키르히호프의 제1법칙과 쿨롱의 법칙에 관계하고 있다는 것을 제시하자.

이 식은 전하가 존재하지 않는 곳에는 전기장에 존재하지 않는다는 것인데, 전기장에 도전율(導電率)을 곱한 양이 전류이므로 전기장이 0인 곳은 전류가 0이 되는 것을 의미한다. 그러므로 도체 내를 전류가 흐른다는 것은 아무리 작아도 전기장이 존재한다는 것이다. 도체 내의 한 점에 주목하면 그 점에 유입되는 전류와 유출되는 전류는 모두 전기장이 같으므로 이동하는 전하량도 같아야 한다. 즉 전기회로 중의 임의의 점에 전하가 고여 있지 않다는 것은 그 점에 유입되는 전류와 그곳에서 유출되는 전류가 같다는 것이기도 하다. 이것은 키르히호프의 제1법칙 바로 그것이다.

다음은 쿨롱의 법칙에 대해 검토해 보자. 이것은 2개의 전하가 존재하면 양쪽 간에 힘이 작용하고, 힘의 크기는 전하량의 크기에 비례하며 거리의 제곱에 반비례한다는 법칙이다. 다시 〈그림 12-1(d)〉를 보기로 하자. 1개의 전하에 의해 생기는 전기장의 크기가 거리의 제곱에 반비례하고 있는 것을 유도할 수 있다면 쿨롱의 법칙을 입증하는 것이다. 그러므로 〈그림 12-1(d)〉같이 점전하가 존재하고 있으면 전기력선은 전하를 중심으로 방사상으로 확산한다. 이때 전기장의 강도는 전기력선의 포락면(包絡面: envelope)의 넓이가 반지름의 제곱에 비례하고 있는 것과 관계하고 있다. 그 점을 좀 더 상세히 설명하기로 하자.

전기장은 포락면상에서 임의점의 전위의 기울기인데, 그 크기는 단위면적당 발생하는 전기력선의 수(전기력선의 밀도)로 나타낸다. 따라서 전하에서 복사되는 전 전기력선 수는 전기장의 강도와 포락면 넓이의 곱과 같다. 여기에서 구의 표면적이 반지름의 제곱에 비례하는 것에 주의하기 바란다. 이때 포락면에서 복사되는 전기력선 수는 구면에 싸여 내부에 존재하는 전하량에 비례한다. 그러므로 비례계수를 사용하여 전기력선 수와 전하량이 같다고 하면 다음과 같은 간단한 관계식을 유도할 수 있다.

(전기장의 강도) × (포락면의 표면적)

= (비례계수) × (포락면 내의 전하량)

앞에서도 설명한 바와 같이 포락면의 표면적이 반지름의 제곱에 비례하고 있으므로, 포락면상에서의 전기장의 강도는 전하량에 비례하고 중심에서의 거리의 제곱에 반비례하는 것을 유도할 수 있다.

이 전기장이 존재하는 곳에 다른 전하—그림에서는 •표로 나타냈다—가 존재하면 이 전하에 작용하는 힘은 그 점의 전기장에 비례하므로 이 전하에 작용하는 힘은 2개의 전하량의 곱에 비례하고 거리의 제곱에 반비례하게 된다. 이 관계는 2개의 전하의 입장을 바꾸어도 당연히 같은 결과를 얻는다. 이 힘이 쿨롱의 힘의 정의와 일치하므로 쿨롱의 법칙이 증명되는 것이다. 이렇게 생각하니 전기에 관한 기타 법칙도 모두 맥스웰의 법칙 속에 포함되는 결과를 낳는다.

변위전류를 가정한 이유

앞서 두 번째의 기본식을 설명할 때 변위전류에 대해 잠시 언급했는데 그것에 대해 약간 더 설명하기로 하자. 〈그림 12-2〉에 나타낸 것처럼 2개의 전극을 마주보게 배치한 다음에 전극 간에 직류전압을 가하면 처음에 근소한 전류가 도선을 흐르다가 곧 전류가 흐르지 않게 된다. 이때 전지의 양끝에는 어떤 일이 일어나고 있을까.

전지와 2개의 전극을 연결한 도선 내부에는 상부전극 쪽에 존재하고

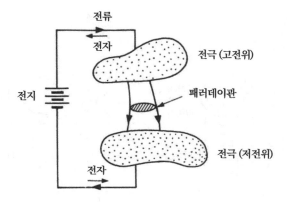

그림 12-2 | 패러데이관의 모델

있던 자유전자가 전지의 양극 쪽으로 이동하고, 전지의 음극 쪽에 존재하고 있던 전자는 하부전극 쪽으로 이동한다. 그 결과 상부전극 쪽은 전자의 부족 상태가 되고 하부전극 쪽은 전자가 과잉하게 된다.

음극(하부전극)에 이른 자유전자는 금속 표면에서 자유공간으로 탈출할 수 없으므로 전극 표면에 고이게 된다. 상부전극 쪽은 전자가 부족 상태에 이른다고 했으나 이것은 반대로 양의 전하가 과잉하게 되었다는 것과 같은 뜻이다. 그 결과 상부전극의 양전하와 하부전극의 음전하인 전자와의 사이에 쿨롱의 힘이 작용하게 된다. 이 경우에는 전극 간에 전기 에너지가 쌓이게 된다. 이 생각은 패러데이에 의해 제안되었으며 그림에 나타낸 것처럼 패러데이관으로 알려져 있다.

같은 현상이 전원전압의 극성을 반전시켜도 생긴다. 그러므로 교류전

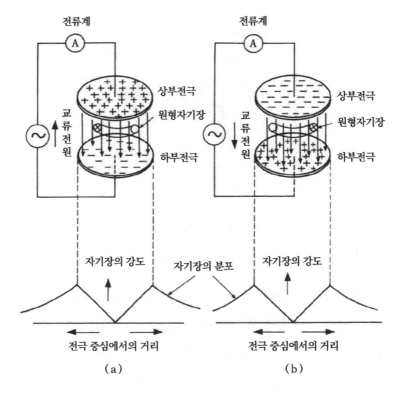

그림 12-3 | 변위전류의 방향과 자기장 분포의 관계:

(a) 자기장의 변화에 의한 전류의 발생 모델
(b) 전류에 의한 자기장의 발생 모델
(c) 자기력선이 닫힌 모델
(d) 전기력선이 발산하고 있는 모델

압을 전극 간에 가했을 때의 양상을 모델을 사용하여 설명하기로 하자. 〈그림 12-3〉을 보자.

교류전압을 가하면 전자는 상부전극 쪽으로 이동하거나 하부전극 쪽으로 이동한다. 이때 전극 간을 전류가 흐르고 있지 않지만, 전원의 양극 쪽과 상부전극 간을 흐르는 전류는 하부전극과 전지의 음극 쪽을 흐르는 전류와 똑같다. 이것은 전극의 극성을 바꾸어도 같다. 즉 전극 간을 전류가 흘렀다고 해석해도 아무런 모순이 생기지 않는다.

이처럼 2개의 전극 사이의 공간을 전자가 이동하지 않았지만 마치 전류가 전극 간을 흐른 것 같은 현상이 생긴다. 이 전류를 맥스웰은 변위전류라고 이름 지었다.

변위전류로 자기장이 발생하는가

그렇다면 이러한 변위전류에도 과연 자기장이 발생하는 것일까. 만일 이것이 실험적으로 증명된다면 전자기파의 발생과 변위전류는 서로 관계하고 있다는 것이 설명될 수도 있을 것이다. 실은 변위전류에도 자기장이 발생하는 것은 실험적으로 증명되고 있다. 그 결과를 〈그림 12-3〉의 아래쪽에 나타냈다.

예를 들어 상부전극이 양극성이 되어 있는 〈그림 12-3(a)〉를 보기로 하자. 변위전류가 상부전극에서 하부전극으로 균일하게 흐르고 있을 때 전극 간의 자기장은 중심이 0이고 동심원상으로 반지름에 비례하여 커지고 있다. 이 경우 자기장의 크기는 전극 간을 전류가 흘렀다고 추정하여 유도한 값이 같다. 이 자기장은 원전극(圓電極)의 둘레 끝이 최대이고 원 끝의 바깥쪽은 거리에 반비례하여 작아진다.

변위전류의 극성을 바꾸어도 〈그림 12-3(b)〉같이 자기장의 방향이 변할 뿐이지 자기장의 크기는 〈그림 12-3(a)〉의 경우와 같다. 이러한 특성은 원전극의 지름과 같은 굵기의 도선에 전류를 흐르게 했을 때의 자기장의 특성과 같다.

도선의 경우에는 전류가 도선의 표면을 흐른다면 도선 내의 자기장은 0이 되고 내부까지 전류가 평등하게 흐르고 있다면 변위전류에 의해 생긴 자기장의 크기 변화와 일치한다.

전자기파의 전파와 전기회로

첫 번째의 방정식과 두 번째의 방정식을 결합하는 데 따라 변위전류와 자기장의 관계를 연결할 수가 있다. 이것으로 전자기파의 전파(傳波)방정식이 유도된다. 그러나 맥스웰이 유도한 전자기파의 방정식은 두 번째의 기본식이며 변위 전류만이 존재하는 것으로 가정했다는 것을 덧붙이고 싶다.

끝으로 좀 전문적인 것이지만 맥스웰이 유도한 전자기파의 방정식이 키르히호프의 제2법칙과 같은 것이라는 것을 제시하기로 하자.

안테나에서 복사되는 전파의 에너지를 시간과 공간으로 적분한 전체 에너지를 분해해 보면 이것은 전기의 에너지 보존법칙을 나타내고 있다.

즉 안테나에서 복사되는 전체 에너지는 전기장의 에너지, 자기장의 에너지 그리고 줄열로서 자유공간에 존재하는 에너지의 합계와 같다. 이 관계식을 전하로 미분하면 키르히호프 제2법칙 그 자체가 유도된다는 것을 특기하고자 한다.

이상으로 맥스웰이 유도한 기본식에 입각하여 이제까지 설명한 다른 법칙은 모두 해명된 셈이 된다. 그렇지만 구체적으로 이해되기까지는 시간이 걸릴지도 모른다. 그러나 이것도 전기의 원천인 전하의 흐름을 직접 볼 수는 없으나 전하의 이동에 의해 생기는 전기현상을 직접 관찰함으로써 해소될 것이다.

13장

전기는 왜 고전압으로
송전하는가

13

전기는 왜 고전압으로 송전하는가

전기의 수요가 증대하면 고전압이 필요하게 되는 이유

조명이나 동력의 원천으로 이용되고 있는 전기가 에너지의 일종이라는 것은 영국의 줄(James Prescott Joule, 1818~1889)에 의해 발견되었는데 전기가 일상생활에 유용하다는 것이 알려지고서 전기의 수요가 급격하게 상승했다. 그것에 수반하여 전기 에너지의 수송이 중요한 문제로 대두되었다. 이 문제에 도전한 사람이 발명왕 에디슨이다.

그런데 전기가 인간을 대신하여 일을 하는 현상은 가정에서도 볼 수 있다. 전기솥, 전자레인지, 전기세탁기, 전기청소기 등이 그 대표적인 예다. 이러한 전기기구에 흐르는 전류는 전기 용량에서 구할 수 있다. 전기 용량은 전압(V)의 크기와 전류(A)의 크기의 곱이며 와트의 단위로 나타내고 있다. 가정에서 사용되는 전압은 100V이므로(220V도 겸용하지만) 100W의 전등은 1A의 전류가 흐르게 된다. 또한 500W의 전기솥은 5A의 전류가 흐른다.

어느 가정에서 사용하고 있는 전기기구의 와트(W) 수를 합치면 그 가정에 필요한 전류의 크기를 추정할 수 있다. 이 전류가 커지면 줄열로 도선의 온도가 상승하게 된다. 그 결과 누전 등에 의한 화재의 원인이 되기도 한다. 이러한 사고를 방지하기 위해서 각 가정에서 사용하는 전류의 크기에 의해 도선의 굵기가 정해진다. 또한 흐르는 전류의 허용값보다 크게 되는 것을 피하기 위해 전류를 차단하는 안전기를 설치하며 이것은 법으로 규정하고 있다.

그런데 각 가정에 설치된 안전기의 전류 제한값은 30A인 경우가 많다. 같은 방법으로 인구 40만 명의 도시에 공급되는 전기는 전류의 크기로 나타낼 수 있다. 한 세대의 구성원을 4인으로 친다면 인구 40만 명의 도시는 10만 세대가 되며, 공장 등에 송전되는 전기를 제외해도 300만 A의 전류를 공급하지 않으면 안 된다.

이 전류를 발전소에서 인구 40만의 도시까지 100V의 전압을 유지하면서 안전하게 송전하려면 지름이 1m 이상인 도선을 사용해야만 한다. 수자원이 풍부한 산악지대에 있는 수력발전소에서 대도시까지 송전하려면 그 거리는 600㎞ 이상이나 한다. 전기가 이 거리를 지름 1m의 도선으로 송전된다면 도선의 비용만도 막대할 것이다. 또한 전기공사의 입장으로도 불가능하다.

만일 이 전류를 가는 도선으로 송전하려면 도선 내의 저항에 의해 전압이 저하되고 도시에 보내지기까지 전압 0으로 되고 만다. 전압이 내려가기 전에 도선이 줄열손(損)으로 용단(溶斷)되어 화재를 일으킬 수도 있다.

그러나 송전선의 전압을 100V에서 1만 V로 하면 전류는 3만 A 흐르

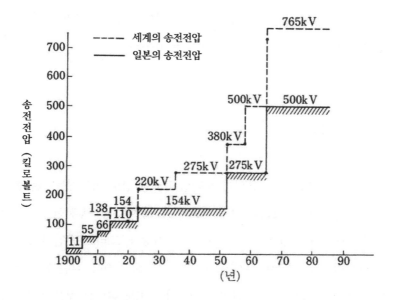

그림 13-1 | 일본과 세계의 송전선 전압의 상승 추이

면 된다. 현재 일본에서 이용하고 있는 최대의 송전전압인 500kV[1]로 하면 600A 흐르게 하면 된다. 이때 송전하는 도선의 굵기는 전압에 반비례하여 가늘게 할 수 있는 것이 특징이다.

1888년에 변압기가 발명되고, 전기는 고전압으로 송전하면 전기 에너지의 손실을 적게 할 수 있다는 것을 알게 되어, 전기수요를 충족시키

---

[1] 주: 일본은 1990년대에 1,000kV 가공송전선로를 설치했으나, 전력수요 증가가 더뎌 500kV로 운전하고 있다. 한국은 2003년 765kV 송전선로를 상용화했다(주요 국가 초고압 송전설비 운영현황 및 전망, 이동일, 2011).

기 위해 송전선의 전압이 〈그림 13-1〉에 나타낸 것처럼 20년마다 거의 배로 증가했다.

변압기와 교류전압

전기가 동력으로서 이용되기 시작한 100년 정도 이전에는 직류송전이 주류를 이루었다. 그러나 전기 수요가 증가함에 따라 송전선을 흐르는 전류가 증대하고 전기를 보내는 거리가 길어졌다. 그리고 송전선의 저항으로 상실되는 줄 열손이 무시할 수 없을 정도로 커졌다. 같은 전기 에너지를 보낼 때 전압을 높이면 그만큼 전류가 적어도 된다는 것은 앞에서도

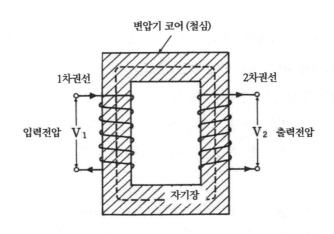

그림 13-2 │ 변압기의 모델

이야기했으나, 전기 에너지를 직류로 보낼 때 송전전압은 발전기의 출력전압 이상으로 크게 할 수는 없다. 가령 할 수 있다 하더라도 가정에서 이용하는 낮은 전압으로 다시 강하할 수는 없다.

여기에 등장한 것이 변압기이며 교류송전 방식이다. 〈그림 13-2〉는 변압기의 모델이다. 그림을 자세히 보기로 하자. 변압기는 ㅁ자를 한 철심에 2조의 코일이 각각 감겨 있는 구조를 하고 있다. 한쪽을 1차권선, 다른 쪽을 2차권선이라 부른다. 1차 측에 낮은 교류전압을 가하면 2차 측에 권선의 권선수의 비(比)에 비례한 높은 교류전압을 발생할 수가 있게 된다. 그 구조를 살펴보기로 하자.

1차 측에 교류전압을 가하면 2차권선에 교류전류가 흘러 외르스테드가 발견한 전류와 자기장의 관계에 따라 철심 내에 자기장이 발생한다. 1차권선에 흘린 전류로 발생한 자기장이 그대로의 강도로 2차권선이 감겨 있는 철심 내를 통한다. 2차권선에는 패러데이가 발견한 전자기유도 작용에 의해 유도전압이 발생한다. 이때 2차 측에 발생하는 전압은 1차 측의 전압을 1차권선과 2차권선의 권수비만큼 곱한 크기가 된다. 가령 1차권선의 권수를 100회, 2차권선의 권수를 10만 회로 하면 2차 측의 전압은 1차 측 전압의 1,000배로 할 수 있다. 또한 2차권선의 권수를 1차 측의 권수보다 적게 하면 전압을 하강할 수도 있다. 즉 교류전압을 상승시키거나 하강시키는 것이 자유롭다.

그런데 자기장이 통하는 데에 철심이 배치되어 있는 것은 무엇인가 이유가 있을 것이다. 이미 알고 있으리라 생각되지만 5장에 설명한 대로 자기력선이 철심에 보이는 특성이 있기 때문이다. 그 결과, 1차 측에 발생한 자기장이 바로 그대로의 강도로 2차 측에 전달된다.

3상교류로 전기가 보내지는 이유

전기를 고전압으로 보내는 것이 좋다는 것은 알았으나 이것으로 문제가 해결된 것은 아니다. 그 첫째는 전압이 높아지며 태양의 코로나와 비슷한 코로나방전이 발생하여 전기 에너지를 상실하는 문제가 있다. 이것에 대해서는 전선의 내부를 중공(中空) 구조로 하여 도선을 겉보기에 굵게 함으로써 코로나전류를 억제할 수 있게 되었다.

그런데 전기를 보낼 때 교류송전 방식이 직류송전 방식보다 낫다는 것은 앞에서 이야기했는데, 교류송전 방식의 경우에도 3상교류송전 방식과 단상교류송전 방식이 있다. 3상교류전압에 대해서는 5장에서 설명했으므로 어느 정도 이해했으리라 여겨진다. 3상교류송전 방식은 위상이 120도 다른 3개의 도선으로 된 1조의 송전선을 사용하는 것이 특징이다. 이것과 동일한 양의 전기 에너지를 단상교류전압으로 보내려면 어스선(earth 線)을 공통으로 해도 4개의 송전선이 필요하다.

즉 같은 전기 에너지를 보낼 경우, 3개의 송전선으로 보낼 수 있는 3상의 교류전압이 경제적으로 나은 것이다. 교외로 나가면 한쪽에 3줄, 다른 쪽에 3줄인 2조의 송전계통이 적용된 철탑선을 볼 수 있다.

14장

전기의 응용 분야

전기의 응용 분야

이제까지의 이야기로 '전기란 무엇인가'에 대해 어느 정도는 이해했으리라 믿는다. 원래 전기가 우리의 사회생활에 도입된 것은 19세기 말에 조명, 동력 그리고 정보 전달에 유용하다는 것을 알게 되면서부터다. 또한 20세기 중엽에 트랜지스터와 레이저가 발명되고 초 LSI가 개발되기에 이르러, 빛과 전기가 융합하여 광학전자학(photoelectronics)의 시대로 이행했다. 이때에 등장한 것이 팩시밀리와 CD다. 다음에 그 개요를 서술해 보기로 한다.

팩시밀리로 무엇이 보내지나

팩시밀리는 편지나 서류 또는 사진 같은 것을 그대로의 모양으로 멀리 있는 사람에게 짧은 시간 내에 보낼 수 있는 것이 특징이다. 이것은 사회가 정보화 시대로 이행하기 위한 매체의 하나로서 급속하게 이용이 늘어났다. 그러면 오늘날 많은 사람들이 이용하는 팩시밀리는 어떠한 원리에 의해 정보를 전하고 있을까. 물론 전화선이나 전파를 이용한다고 상상할

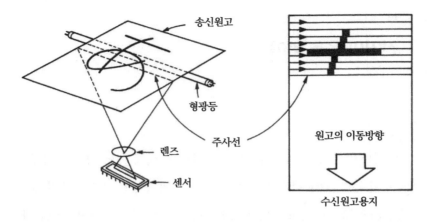

송신원고

형광등

주사선

렌즈

센서

원고의 이동방향

수신원고용지

그림 14-1 | 팩시밀리의 구조도

수 있으나 문자나 화면은 어떻게 전기신호로 변환되는지에 대해서는 의
문을 갖는 사람이 많을 것이다.

〈그림 14-1〉을 보기로 하자. 이것은 팩시밀리의 개요도다. 지금 일본
문자 히라가나의 'あ'를 멀리 바다 건너 떨어져 있는 친구에게 보내려고
할 때, 문자가 기입되어 있는 화면은 그물눈같이 분할되어 작은 도트(dot)
라고 불리는 검은 점과 흰 점의 분포도로서 나타내는 구조로 되어 있다.
문자 'あ'가 적혀 있는 화면을 형광등으로 조사했을 때 화면상에 반사된
빛은 주사선(走査線)이라는 1개의 수평선을 따라 센서에 보내진다.

화면상의 문자에서 검은 부분과 흰 부분의 명암은 〈그림 14-2(a)〉같이
나타나고, 하나의 주사선은 〈그림 14-2(b)〉같이 '1'과 '0'의 전기신호로 변
환된다. 여기서 숫자 '1'과 '0'의 2개의 기호를 쌍으로 하는 문자로 나타

내는 형식을 도트 방식이라 한다. 주사선의 길이 1㎜당 8조의 도트점으로 분할하여 송신하는 형식을 8도트 방식이라고 한다. 그러나 4각 모양의 파의 기호를 그대로의 형상으로는 전화선으로 보낼 수 없다.

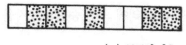

(a) 도트의 기호

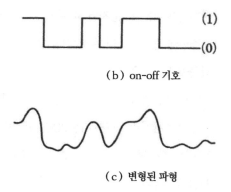

(b) on-off 기호

(c) 변형된 파형

그림 14-2 | 신호의 전송:

(a) 도트 기호 (b) on-off 기호 (c) 변형된 신호의 전류파형

전화선 속의 전류파형

왜 보낼 수 없을까. 그 이유는 4각 파형의 전기신호 파형이 전화선을 통하는 사이에 이상하게 비뚤어져 바른 문자를 송신할 수 없기 때문이다. 그러므로 전화선 내에서 전류파형이 비뚤어지기 어려운 〈그림 14-2(c)〉 같은 신호파형으로 변환한 다음에 송신하는 구조로 되어 있다. 송신 쪽과 반대의 순서에 따르면 팩시밀리에 의해 송신된 문자를 〈그림 14-3(b)〉같이 재생할 수가 있다.

〈그림 14-3(a)〉는 송신한 처음의 문자 'あ'이며 크기는 5밀리미터다. 〈그림 14-3(b)〉는 G3기라고 불리는 8도트 방식의 팩시밀리로 수신한 문자 'あ'를 10배로 확대한 것이다. 이 문자에서 주사선 0.5㎜ 속에 흑점 ● 과 중공점 〇의 4개의 조합을 볼 수 있다. 이것으로 주사선은 1㎜당 8도트의 점으로 분할되어 있음을 알 수 있다.

더욱 도트 수를 늘리면 사진과 같은 상세한 화면도 팩시밀리로 송신할 수 있다. 〈그림 14-3(c)〉는 G4기라고 불리는 200도트의 신방식을 사용하여 수신한 문자를 10배로 확대한 것이다. 〈그림 14-3(b)〉보다 선명도가 월등하게 좋다는 것을 알 수 있다.

그렇다고 팩시밀리의 기기를 전화선에 접속했다고 해서 바로 문자가 송신되는 것은 아니다. 본문은 전송하기에 앞서 미리 송신자와 수신자 간에 어떠한 방식으로 송신할 것인가를 확인하는 신호의 교환이 이루어져야 한다. 이러한 확인도 송신기와 수신기 사이에서 자동적으로 이루어진

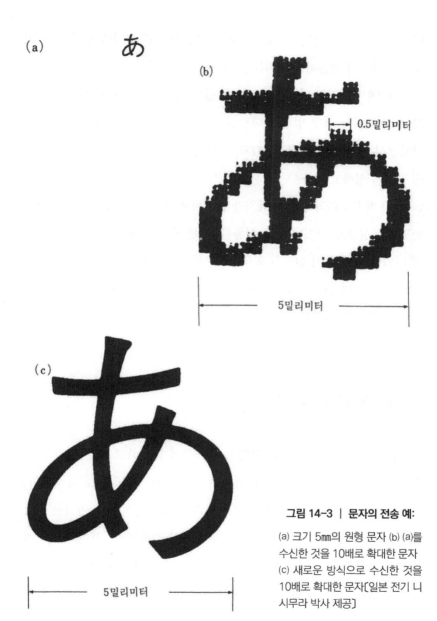

(a)

(b)

0.5밀리미터

5밀리미터

(c)

5밀리미터

그림 14-3 | 문자의 전송 예:

(a) 크기 5mm의 원형 문자 (b) (a)를 수신한 것을 10배로 확대한 문자 (c) 새로운 방식으로 수신한 것을 10배로 확대한 문자〔일본 전기 니시무라 박사 제공〕

다. 또한 송수신이 끝난 후에도 마찬가지다. 이러한 절차를 걸친 후에 비로소 팩시밀리 전송이 완료되는 것이다.

그런데 국내외를 막론하고 화면을 전화선으로 송신하는 경우, 송신 쪽과 수신 쪽에서 전달 방법이 다르면 전기신호를 보낼 수 없다. 그러므로 국제전신전화자문위원회(CCITT)라고 불리는 기구가 세계 각국 공통의 전송 규격을 정하고 있다.

최근 팩시밀리의 송수신 장치가 안정된 가격이 되어 전화 요금과 같은 정도의 비용으로 편지나 중요 서류를 수 분 내에 세계 각국에 보낼 수 있게 되었다. 사진같이 섬세한 화면을 송신할 경우에는 주사선 1㎝당의 도트 수를 늘리면 선명한 화면을 볼 수 있다. 그러므로 신문도 외국에 팩시밀리로 보낼 수 있게 되었다.

아름다운 음악을 재생하는 CD

팩시밀리가 새로운 정보 시대의 총아로서 군림하고 있는 것과 같이 CD는 개발된 지 얼마 안 되어 청년층 사이에서 폭발적으로 유행했다. CD는 Compact Disk의 머리글자를 따라서 만든 명칭이다. 이것은 음악을 재생할 때, 음질이 뛰어나다는 점에서 LP나 카세트테이프에 대체하여 음악의 세계에 등장했다. 이것은 다이아몬드 바늘 대신에 레이저 광선을 이용한 레코드라고 말할 수도 있다. 또한 CD는 가라오케나 영화의 세계에도 확산되어 '에디슨 이래의 대발명이다'라든지 '레코드 혁명'이라는 표현이 자주 쓰였다. CD와 기본적인 원리가 같은 것으로 초창기 가라오케나 영화에 사용되던 LD(레이저 디스크)라는 것도 있다.

이제까지의 레코드는 검은 원반에 홈이 파여 있고, 그 홈은 음악의 리듬에 맞추어 파인 정도에 차이가 있도록 만들어졌다. 이것과는 달리 CD는 원반으로 되어 있는 레코드 속에서 음성신호에 비례하는 빛의 신호가 발생할 수 있는 특수한 구조로 되어 있다. CD의 표면에 레이저 광선을 쏘이면 CD의 원반 내에 파여진 신호에 비례하는 빛이 반사된다. 이 광신호

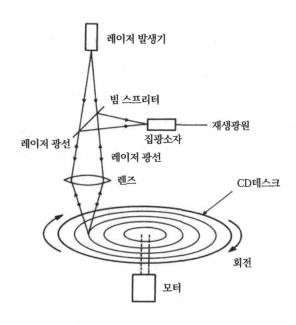

그림 14-4 | CD장치의 구성도

를 전기신호로 변환하는 것으로 양질의 음악이나 화면을 재생할 수 있다.

그렇다면 장시간의 연속 화면이나 음질이 좋은 멜로디는 어떻게 CD 내에 기록되어 있을까. CD의 개념도인 〈그림 14-4〉를 보기로 하자. 기호가 기록되어 있는 CD 원반(디스크)을 모터로 회전시켜 음의 신호가 기록되어 있는 부분에 렌즈로 수렴된 레이저 광선을 쪼인다. 원반 내의 볼록부분의 유무에 따라 반사되는 레이저 광선의 크기가 변화한다.

전기신호와 비트

CD의 내부에 대해 알아보기로 하자. 〈그림 14-5〉는 CD 원반 내부의 미세구조도다. 투명한 플라스틱으로 된 두께 1.2㎜의 판 안쪽의 한 면에 피트라고 불리는 오목한 홈이 파여 있다. 이 경우에 피트는 그 길이와 간격의 차이로 팩시밀리의 도트와 같이 '1'과 단위 '0'의 조합(비트)을 나타내고 있다. 그러나 팩시밀리에 사용되는 단위의 길이가 10분의 1㎜인데 반해 CD는 단위의 길이가 1,000분의 1㎜ 이하다. 오목·볼록(凹凸)한 면 위에는 레이저 광선을 반사하는 알루미늄의 박막이 증착(蒸着)되어 있다. 이 오목하고 볼록한 배열이 신호에 대응하고 있다.

〈그림 14-6(a)〉는 CD 내의 오목·볼록한 것을 기하학적으로 나타낸 것이며, 〈그림 14-6(b)〉는 실제로 사용되고 있는 CD의 내부를 전자현미경으로 촬영한 것이다. 〈그림 14-6(a)〉에서 볼록한 것은 수 '1'의 기호에,

또한 오목한 것은 '0'의 기호에 대응하고 있다. 단위 '1'의 볼록한 것의 길이는 0.69㎛이다. 이 경우에 CD 내에 새겨진 오목 · 볼록(凹凸)의 크기는 100분의 1㎜ 이하다. 이처럼 작은 볼록 부분은 전체적으로 아홉 종류의 길이가 사용된다.

그렇다면 '1'과 '0'으로 된 기호를 사용하여 어떻게 음(音)의 파형을 나타낼 수 있을까. 실은 비트의 조합을 사용하여 전압을 나타내고 있다. 이 방법에는 이진법이 사용된다. 예를 들어 10V를 이진법으로 나타내면 '1010'이 된다. 또한 100V는 '100000'이 된다. 이 이진법의 자릿수가 비트 수를 나타낸다. CD로 반사된 각 순간의 빛의 강도는 14비트로 나타내게 되어 있다. 이 빛의 강도 변화를 전압의 크기 변화로서 나타낼 수가 있

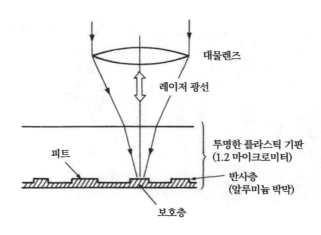

그림 14-5 | CD의 미세구조

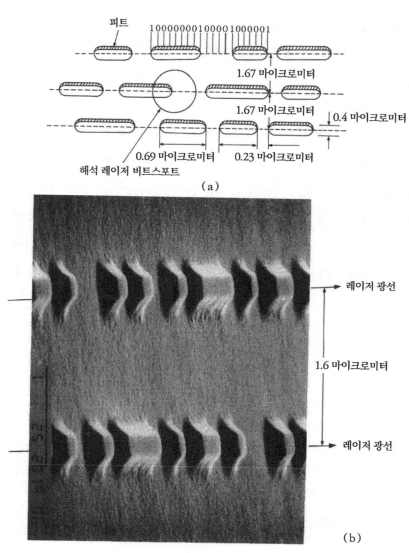

피트

1000000010000100001

1.67 마이크로미터

1.67 마이크로미터

0.4 마이크로미터

0.69 마이크로미터   0.23 마이크로미터

해석 레이저 비트스포트

(a)

레이저 광선

1.6 마이크로미터

레이저 광선

(b)

그림 14-6 | CD 내의 피트 기호 배치도:

(a) 피트 기호의 기하학적 배치
(b) 피트 기호의 전자현미경 사진[소니 종합연구소 미야오카 박사 제공]

276

다. 14비트로서 나타낸다는 것은 전압의 크기를 16384(=2^{14})로 분할하여 나타내는 셈이 된다. 이처럼 미세하게 분할한 전압(음의 파형)을 사람의 감각으로는 인식할 수 없을 정도의 짧은 시간 내에 음의 파형에 대응시켜서 계속적으로 전압을 바꾸어 보내는 것이 CD다.

이렇게 해서 연속된 빛의 파형을 전압의 파형(음의 파형)으로 나타낼 수 있게 되었다. 14비트로 분할한 1단위의 신호를 보내는 시간은 인간이 직접 인식할 수 없는 0.0001초 이하다. CD 하나가 종래의 LP의 3에서 4개 분량의 정보를 기록할 수 있게 된 것도 이러한 메커니즘 때문이다. 그리고 기계적인 부분이 없으므로 잡음이 생기기 어려운 특징이 있다. 어찌되었든 CD 내의 오목과 볼록의 기호를 빛의 신호로 변환할 수만 있다면 음성은 쉽게 재생할 수가 있다.

CD는 먼지에 강하다

그런데 CD는 매우 작은 부분에 신호를 기록하고 있으므로 CD 표면에 먼지가 부착하면 이것이 잡음의 원인이 된다. 그러나 이 먼지도 그 크기가 레이저 광선 정도라면 음의 재생에는 아무런 문제도 되지 않는다.

그것은 전압의 크기가 16384로 분할되어 나타나기 때문이다. 먼지 때문에 그 부분의 신호전압이 발생하지 않는 경우라도 14비트로 분할된 파형의 크기 16384가 하나 적은 16383이 되었다고 해도 전압 크기의 약

16,000분의 1이란 차를 인간이 식별할 수는 없다. 만일 작은 먼지로서 디지털 신호의 수(비트 수)가 변화했다 하더라도 그 전후의 비트 수의 값으로 보정할 수 있도록 되어 있다. 그 결과 양질의 음악을 재생할 수 있게 되는 것이다.

나아가서 최초의 연구에 의하면 CD에 자기기록법을 사용함으로써 새로운 정보를 입력하거나 소거하는 것이 자유롭게 시행될 수 있게 되었다. 이것은 음악의 세계는 물론, 전자공학을 응용한 학문적인 연구의 세계에서도 필수적인 것이 될 것이다. 이러한 것은 전기와 빛이 융합한 가장 가치 있는 것의 하나다.

사람들의 꿈을 실을 자기부상형 초고속전차의 연구

전기가 동력으로서 이용된 것은 모터가 발명된 19세기 후반의 일이다. 이 모터를 이용한 전차는 1879년에 독일의 지멘스(Ernst Werner von Siemens, 1816~1892)에 의해 발명되었다.

모터에는 직류모터와 교류모터의 2종류가 있다는 것은 5장에서 설명했는데 전차에는 직류모터가 사용된다. 그 까닭은 전차가 발차할 때 큰 구동력이 필요한데 교류로서는 각 순간에 전류의 크기가 변하므로 안정한 일정 크기의 구동력을 얻을 수 없기 때문이다. 일단 전차가 움직이면 관성력이 작용하여 그만큼 구동력이 작아진다.

모터의 구동력은 회전 부분의 코일을 흐르는 전류의 크기와 고정부분의 자기장 강도와의 곱에 비례한다. 즉 전차가 발차할 때는 큰 구동력이 필요하므로 그때는 도선에 큰 전류를 흐르게 함과 동시에 자기장을 강하게 해야 한다. 자기장의 크기는 전류에 비례하여 크게 할 수 있으므로, 직류직렬형 모터의 경우는 모터 회전 부분의 코일과 자기장을 형성하는 코일을 직렬로 접속하면 양쪽 회로는 동시에 큰 전류와 큰 자기장을 발생할 수 있다.

자기부상의 원리

전차가 고속으로 달리는 경우에 차바퀴의 회전으로 생기는 마찰저항에 의한 손실이 큰 문제가 된다. 이 손실은 전차가 빨리 달리면 달릴수록 커진다. 그러므로 자력을 사용하여 차체를 선로에서 부상(浮上)시키는 방법을 생각할 수 있다. 이것은 자석의 원천인 자기에너지를 크게 하는 것인데 바로 자기장을 발생시키는 전류회로의 저항을 어떻게 작게 하는가 하는 문제에 귀착한다.

다행스럽게도 금속 온도를 절대영도 가까이 하면 전기저항이 0으로 되는 초전도현상을 이용해서 그 문제를 해결할 수 있다는 것을 알게 되었다. 그러나 전기기관차의 일부라 할지라도 큰 금속물체를 절대영도 가까이로 한다는 것은 냉매인 액체 헬륨을 다량으로 사용하는 일로서 큰 문제가 아닐 수 없다. 액체 헬륨은 매우 비싸므로 경제적으로 성립할 수 없기 때문이다. 그러나 20년 이상의 연구 성과가 결실을 맺어 최근에는 자기부상형 초고속전차가 경제적으로도 성립할 수 있는 상태에 이르렀다.

〈그림 14-7〉은 자기부상형 고속전차의 모델이다. 이 경우는 차체를 부상시키는 것과 차체를 안정시키는 양쪽의 초전도현상이 이용되고 있다. 흥미로운 것은 초전도현상은 나중에 설명하는 바와 같이 차체를 구동시키는 데는 사용되지 않는다.

〈그림 14-7〉을 보자. 차체의 밑 부분에 초전도코일이 배치되어 화살표같이 자기장이 발생하는 구조로 되어 있다. 그것에 수반하여 대지 쪽에 배치된 코일에는 패러데이가 고안한 전자기유도전류가 흐른다. 이 전류

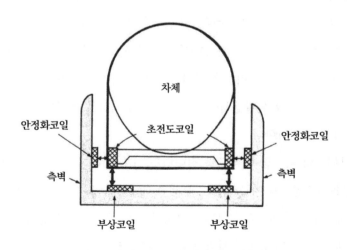

그림 14-7 | 자기부상형 초고속전차의 모델

와 초전도코일의 전류가 앙페르(Andre Marie Ampère, 1775~1836)가 고안한 척력(斥力)으로 차체를 부상하게 된다. 차체 내의 초전도코일에서 발생하는 자기장은 차체의 양쪽에 배치되어 있는 코일에도 유도전류를 발생시키는 구조로 되어 있다. 이 코일 사이에 생기는 척력에 의해 차체의 좌우 방향의 안정을 가능하게 한다.

또한 자기부상형 고속전차는 차륜의 회전에 의한 손실이 없으므로 기존 신칸센(新幹線)의 2배의 속도도 가능하다. 도쿄-오사카 사이를 1시간 반으로 달릴 수 있게 되는 것이다.

전차를 끌어당기는 힘

초전도현상을 이용하여 전차를 부상시키는 원리는 알았다. 그럼 구동력은 어떻게 발생시키는 것일까. 여기에는 교류의 동기전동기와 동일한 원리가 이용된다.

동기전동기에 대해서 5장에서 간단히 언급했으나 그 구조는 교류발전기와 같은 것이다. 고정자의 코일에 3상교류전류를 흐르게 함으로써 이동하는 자기장이 발생하고, 회전자가 자기장과 동기적(同期的)으로 이동하는 것이 특징이다. 자기장을 이동하기 위해서는 전차의 바깥벽에 고정된 전류회로를 이용하고 있다. 그러한 것을 나타낸 것이 〈그림 14-8〉이다.

자기장이 이동하는 원리는 이미 5장에서 설명한 대로다. 이 경우에 양

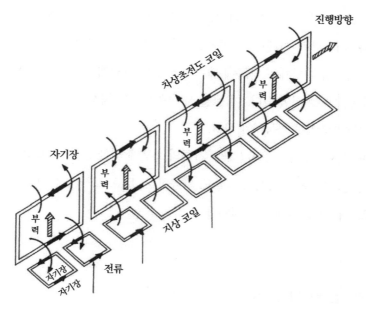

그림 14-8 │ 전류와 전류의 반발력에 의한 차체의 부상과 흡인
(JR철도종합기술연구소 후지마 씨 제공)

쪽에 고정되어 있는 코일에는 언제나 400A나 되는 큰 전류를 흐르게 하고 있는 것은 아니다. 차체가 이동했을 때, 그 차체가 통과하는 양쪽의 코일에 한해서 전류를 흐르게 하면 된다. 전류를 흐르게 할 필요가 있을 때는 고속전차의 이동과 동기적으로 차체의 바로 인접한 코일에 전류가 흐를 수 있도록 스위치로 전환할 수 있는 구조로 되어 있다. 이런 동작은 모두 컴퓨터로 자동제어 된다. 그 결과 차체에는 전차를 견인하기 위한 전기가 필요 없게 된다. 자기부상을 위한 초전도코일의 경우도 일단 초전도

코일에 전류가 흐르면 그 후는 전기를 필요로 하지 않으므로 그야말로 경제적이라고 할 수 있다.

최근의 연구에 의하면 자기부상용의 지상코일도 차체의 아래쪽이 아니고 차체의 안정화코일과 같이 양쪽에 배치하는 구조로 개량될 것이라 한다. 이것은 JR철도종합기술연구소의 후지마 기술부장을 중심으로 한 연구진에 의해 고안된 것으로, 최종적인 자기부상형 초고속전차의 구조가 될 것으로 기대하고 있다.[2]

---

[2] 2015년 일본은 최고 시속 603km를 달성하여 철도 차량 지상 속도 세계 최고 기록을 경신했다.

이 책을 통해 마찰전기의 시대에서 현대까지 넓은 범위에 걸쳐 전기에 대해 이야기했으나 새삼스럽게 전기란 무엇인가 하고 생각해 보니 역시 설명하기란 간단치 않다. 한두 세대 전만 해도 냉방기, 컬러텔레비전, 자동차 등 전기가 제품의 형태로서 우리들의 생활 속에서 문명의 이기로서 넓은 분야에서 중요한 역할을 이룩한 것은 사실이다. 전기는 넓은 분야에 관계하고 있는 것이 아니라 지구상에 존재하는 모든 물질의 성질을 좌우하고 있는 기본적인 것이다. 그 본질적인 모습은 극히 최근에야 밝혀졌다. 그러한 모습이 우리들 앞에서 밝혀질 때마다 새로운 제품으로 우리들의 생활을 보다 풍요롭게 해 주고 있다. 우리는 이미 전기 없이는 생활할 수 없게 되었다.

간단한 예지만 일상 보고 듣는 일반적인 전기현상에서, 현재 그 흥미로운 점에 매료되어 있는 몇 가지 예를 들어보겠다.

전기가 가장 큰 역할을 담당하는 분야의 하나가 정보의 전달이다. 이것은 전파의 존재와 깊은 관계가 있다. '정보의 전달'이라고 해도, 도선 내를 전자가 정보를 운반하는 방법도 있고, 공기 중을 전파가 운반하는 방법도 있으며 또한 파이버 같은 물질 속을 빛(전자파)이 진행함으로써 전달하는 방법도 있다.

이제까지 전기는 전자의 이동이라고 여러 번 이야기했으나 전파는 전자의 이동 바로 그 자체는 아니다. 전파는 전자의 이동(정확하게는 시간적으로 변화하는 전자의 운동)에 의해 비로소 발생하는 현상이므로, 전파라는 매크로(거시적)한 현상은 전자의 움직임이란 마이크로(미시적)한 현상부터 이해한 다음에 전기 속에 포함시켜야만 한다.

현재까지 밝혀진 전기에 관련된 모든 현상은 다행스럽게도 적절하게 맥스웰의 방정식 속에 포괄되어 있다. 또한 이 방정식은 전파를 예언하는 형식으로 이미 전파조차도 포함하고 있다. 또한 전기회로를 지배하고 있는 키르히호프의 제2법칙도 실은 전자기파의 수송(輸送) 방정식과 똑같은 것이며, 전기의 흐름에 관한 에너지의 보존법칙을 나타내고 있다. 이 방정식이 유도하는 결론으로서 다음에 떠오른 문제는 전자기파와 빛의 관계다. 1864년에 맥스웰이 발표한 빛의 전자기파설은 전기의 본질을 설명할 때 큰 문제를 제기했다. 그것은 전자기파의 일종일 빛에 관해 입자성과 파동성이 있다는 것을 알게 되었기 때문이다.

필자가 흥미를 갖고 있는 문제는 현재까지 해결되지 않은 빛의 속도에 관한 문제다. 빛은 유리 같은 투명한 물체 속을 통과할 때는 그 속도가 감소하는 것으로서 얼핏 보기에 아무런 모순도 없이 빛의 굴절 현상을 설명하고 있다. 그러나 과연 이 견해는 사실일까. 매크로하게는 사실인 것 같은 이 법칙이 마이크로에서도 납득될 수 있을까. 그 물질 내에서 감소했을 빛의 속도가 물질을 나왔을 때 어떻게 다시 진공 속의 빛의 속도로 회복할 수 있을까. 이것에 대한 메커니즘은 현재에도 확실치 않다. 유리와 같은 투명물질이 빛의 증폭작용을 갖고 있다고는 보기 어렵다.

『상대성이론의 재검토』의 집필자인 이론물리학자 브리유앵(Leon Brillouin)은 그의 저서에서 "빛은 본질적으로는 물질 속에서 속도가 변화하지 않는다"라고 했다. 이 정도까지 이야기를 진행하면 이 분야 학문의 한계가 가까워진 것 같은데, 이런 점에 필자를 포함한 많은 학자가 관여하여 이현상을 설명하는 규칙이나 견해를 밤낮으로 궁리하고 있다. 빛의 굴절 현상은 지금 이때 전자를 통해 미시적으로 그 거동을 우리 앞에 나타내기 시작했다.

필자는 30여 년 연구자로서 그리고 교육자로서 노력해 왔으나 끝으로 교육과 연구를 잇기 위한 제언으로서 젊은 독자들에게 다음의 말을 전하고 싶다.

"교육이란 지식을 주는 것이 아니라 지식을 매개로 하여 창조성을 기르는 것이다. 이러한 지식은 미지의 문제를 연구함으로써 비로소 완성되는 것이다."